KB270148

갖고 싶은 부엌

+

알고 싶은 살림법

[**김주현** 지음]

중앙books
JoongAng Ilbo

갖고 싶은 부엌

+ 알고 싶은 살림법

HERB GARDEN
HERB GARDEN

부엌은… 집의 심장, 여자들의 로망

모락모락 밥 냄새가 나고 간간이 비 오는 날이면 지짐 부치는 소리가 들리는
부엌…. 설거지까지 모두 끝낸 후 행주를 폭폭 삶아 널어놓고 짬이 나면 식탁에
앉아 혼자 차 한잔 마시는, 보통날의 기분 좋은 사치를 누려보는 곳. 마음에 쏙
드는 냄비 하나 들여놓으면 마음이 말갛게 개고, 호시탐탐 눈으로 찜해 둔 찻잔
세트라도 들여놓고 나면 기분까지 뽀득뽀득해지는 공간.

집에 따뜻한 온기를 공급하는 부엌은 집의 심장이라고도 불리지요. 살림에
관심 있는 사람이라면 누구나 나만의 아름다운 부엌에 대한 로망이 있습니다. 요
리를 즐겨 하든, 그렇지 않든 부엌은 집을 집답게 해주는 특별한 공간이니까요.

딱히 요리를 좋아하지 않아도 손님 초대할 때 과일 한 접시, 차 한잔 낼 작은
아일랜드 하나 있었으면 하고 바라고, 그릇장에 가끔 기분 울적할 때 꺼내어 쓰
고 싶은 아끼는 그릇 몇 개쯤 넣어두고 싶습니다. 요리 욕심 있는 사람이라면 요

리 잘하는 사람들이 쓰는 칼이며 프라이팬, 냄비도 궁금하고, 살림 잘하는 사람들이 차려내는 그릇들도 궁금하고요.

그래서 슬쩍 들여다보았습니다.

프랑스요리연구가가 손수 고쳐 꾸민 유럽식 부엌과 자작나무 느낌이 따뜻한 나무 부엌, 아이 키우며 밥해 먹는 '임시 휴직' 요리사의 부엌, 인테리어 디자이너가 고친 30년 된 오래된 집의 부엌, 그리고 무명작가의 무명으로 옷 입힌 부엌, 싱글의 바느질 솜씨가 구석구석 배어 있는 부엌까지 슬쩍 들여다보았습니다.
그들의 부엌에서는 어떤 소리와 어떤 냄새가 날까. 그들의 부엌에는 어떤 이야기들이 담겨 있을까. 한 집안을 따뜻한 온기로 감싸주는 부엌은 어떤 모습일까, 궁금해서요.

나의 아름다운 부엌

beautiful

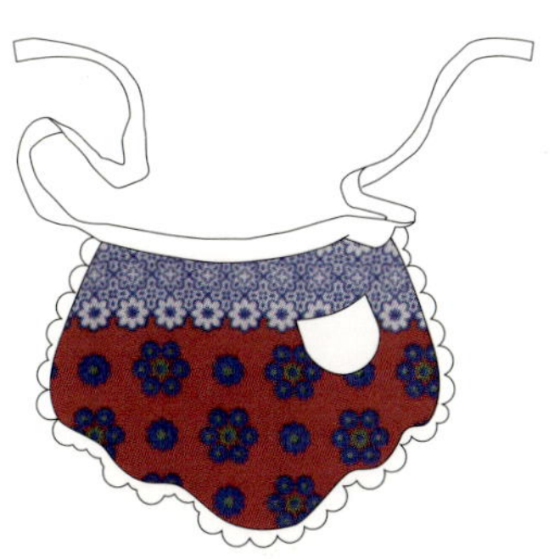

집 인테리어는 모두 뜯어고칠 수 없어도 온전히
내 공간인 부엌만은 취향대로
꾸미고 싶은 것이 여자들의 바람입니다. 취향을 반영한 것은
물론 주인을 닮아서 더 아름다운 부엌입니다.

…자작나무와 그에 어울리는
조그마한 타일로 상판을 덧댄
그녀의 부엌은 따뜻하고 아름답습니다…

_강선미의 부엌

자작나무와 타일로 꾸민 따뜻한 감성의 부엌

아다지오: 강선미

가끔, 불쑥 떠나고 싶을 때가 있습니다. 그것은 피사의 사탑이나 그랜드캐니언처럼 크고 웅장하며 뒤통수를 내리칠 정도의 대단한 것을 보고 싶어서가 아니라, 하얗고 깨끗한 침대에서 긴 잠을 자고 일어나 먹는 기분 좋은 아침 식사 같은, 소소한 여행의 즐거움이 그리워져서이기도 합니다. 무거운 삶의 과제를 내려놓고 그저 마냥 햇볕을 쪼일 수 있기를, 누군가 차려다 주는 크로와상과 딸기잼, 오렌지주스나 카푸치노 같은 것으로 아침의 사치를 누려볼 수 있기를 바라는 소박한 바람 말입니다.

긴 시간을 내어 비행기를 타고 탄소발자국을 흩뿌리며 먼 나라까지 날아가지는 못하더라도, 가끔 일상의 휴식이 필요한 날 어떤 사람들은 이 따뜻한 부엌이 있는 게스트하우스를 찾아갑니다. 요리 잘하는 주인장의 맛있는 아침 식사가 나오는 집.

인천국제공항 가는 길, 영종대교를 건너 공항 신도시로 진입하면 작은 게스트하우스 '아다지오'가 보입니다. 독특하고 아름다운 건축으로 이미 유명세를 탄 강화도의 게스트하우스 '무무'를 지은 무무건축에서 설계하고 지은 집입니다. 아다지오는 모던한 콘크리트 건물에 커다란 창을 사방에 냈고, 객실로 쓰는 방에

아다지오의 부엌. 베이지톤의 타일과 자작나무로 여행자를 위한 따뜻한 부엌을 완성했다.

수납 서랍을 가로로 길게 짜 넣어 손님을 위한 그릇을 넉넉하게 수납할 수 있도록 했다.

한지를 붙인 옛 나무문을 달아 따스함을 보탰습니다. ㄷ자형 건물 1층에는 1인실의 작은 방이 4개 있고, 커다랗고 아름다운 부엌과 거실이 있습니다. 2층에는 2인실 방과 거실, 나무 베란다가 있고요. 어느 곳이나 햇볕을 집 안으로 가득 끌어들입니다. 길게 난 복도의 벽면 전체가 유리로 돼 있고, 화장실 천장 한 귀퉁이로 하늘이 보이며, ㄷ자형 부엌에도 커다란 창이 햇볕을 바지런히 실어 나릅니다.

여행자를 위한 기분 좋은 부엌

자작나무와 그에 잘 어울리는 크림색 타일로 상판을 덧댄 아다지오 강선미 씨의 부엌은 따뜻하고 아름답습니다. 자작나무가 주는 따뜻하고 세련된 질감이 부엌의 전체적인 느낌을 만들어 줍니다.

"자작나무는 오래 봐도 질리지 않아 좋아요. 상판에 타일을 깔면 뜨겁든 차갑든 무엇이든 올려둘 수 있어 편리하고요. 물론 타일 사이사이 끼는 때는 잘 닦아줘야죠. 아일랜드를 넓게 짜 넣은 덕분에 저 혼자 음식할 때도 여유 있고, 사람들과 식탁에 빙 둘러 서서 함께 요리를 하기에도 좋아요.

이곳에서 여행자들에게 아침을 차려주기도 하고, 요리를 배우고자 하는 사람들을 위해 쿠킹클래스를 열기도 해요. 연인이나 부부끼리, 또는 가족들이 찾아와서 요리를 배우고 식사를 하는 시간을 좋아해요. 파스타나 피자는 많은 분이 좋아하는 메뉴인데 배우기도 쉽고, 배워놓으면 써먹을 데도 많으니 재밌어들 하시죠."

요리는 가족이나 친구, 연인이 함께할 수 있는 즐거운 놀이가 됩니다. 그릇 선반장 하단에는 1인용 프라이팬과 냄비가 준비되어 있습니다. 쿠킹클래스를 진행할 때 딱 1인용 파스타가 만들어지는 냄비와 프라이팬 세트입니다.

승무원, 요리사로 향로를 변경하다

"홍콩에서 5년간 승무원 생활을 했어요. 그때부터 무작정 요리사가 되고 싶다는 생각은 있었어요. 5년쯤 되는 시점에서 일을 정리하고 늘 꿈꿔 오던 레스토랑의 요리사가 되기 위해 이탈리아 토리노로 유학을 떠났어요. 요리는 생각보다 즐거웠고 매력적이었으나 꽤나 힘들었어요. 교육이 끝난 후 현장 실습기간 4개월을 버텨내는 학생이 그리 많지 않았죠.

주방은 단지 요리만 좋아해서는 감당할 수 있는 곳이 아니었어요. 요리사가 된다는 것은 말 그대로 '휘몰아' 닥치는 주문을 감당할 수 있어야 한다는 것이에요. 그것은 그냥 요리를 흥얼흥얼 노래 부르듯 하는 것이 아니라 시간의 압박 속에서 강도 높은 노동을 해야 한다는 것을 의미했죠."

요리사가 된다는 것은 요리를 좋아하는 것 외에도 시간의 압박과 노동의 중량을 감당할 수 있어야 했고, 종종 성질 사나운 주방장의 태클까지도 감내해야 했습니다.

"난 생각만으로는 정말 잘할 수 있을 것 같았거든요. 꿈은 언제나 현실에서 검증받을 시간이 필요하구나 생각했죠."

그러니까 그녀의 첫 번째 꿈꾸기는 현실에서 무참히 깨졌습니다. 다분히 낭만과 환상으로 버무려졌던 꿈은 현실의 진짜 속도와 무게에 꺾였던 거죠. 진심으로 열렬히 바라는 꿈이란 자라는 나무와 같아서 심장 안에서 날마다 조금씩 증폭돼 언젠가는 그 내압으로 터져나오기 마련입니다. 심장 안이 비좁아 못살겠다는 듯 터져나온 후에는 현실에서 검증받는 시간이 필요합니다. 꿈의 유효기간이 지속될 것인지, 그것으로 유효기간 정지 선고를 받을 것인지는 검증의 시간을 거쳐야 합니다. 그녀는 그 검증의 시간을 거쳤고, 결정을 해야 했습니다. 본인이 감당할 수 있는 수위를.

낡은 듯 멋스러운 그릇장. 강선미씨가
좋아하는 그릇들과 남편 알레산드로 비스콘티니와의
소중한 언약의 날을 기록한 사진이 놓여 있다.

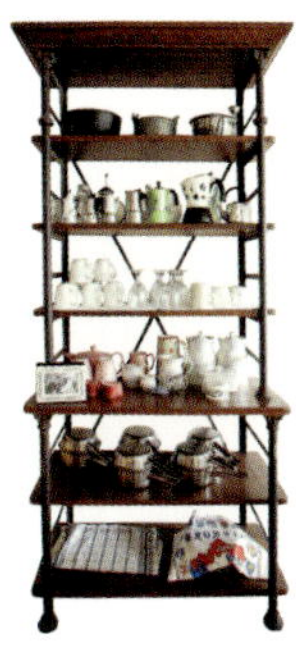

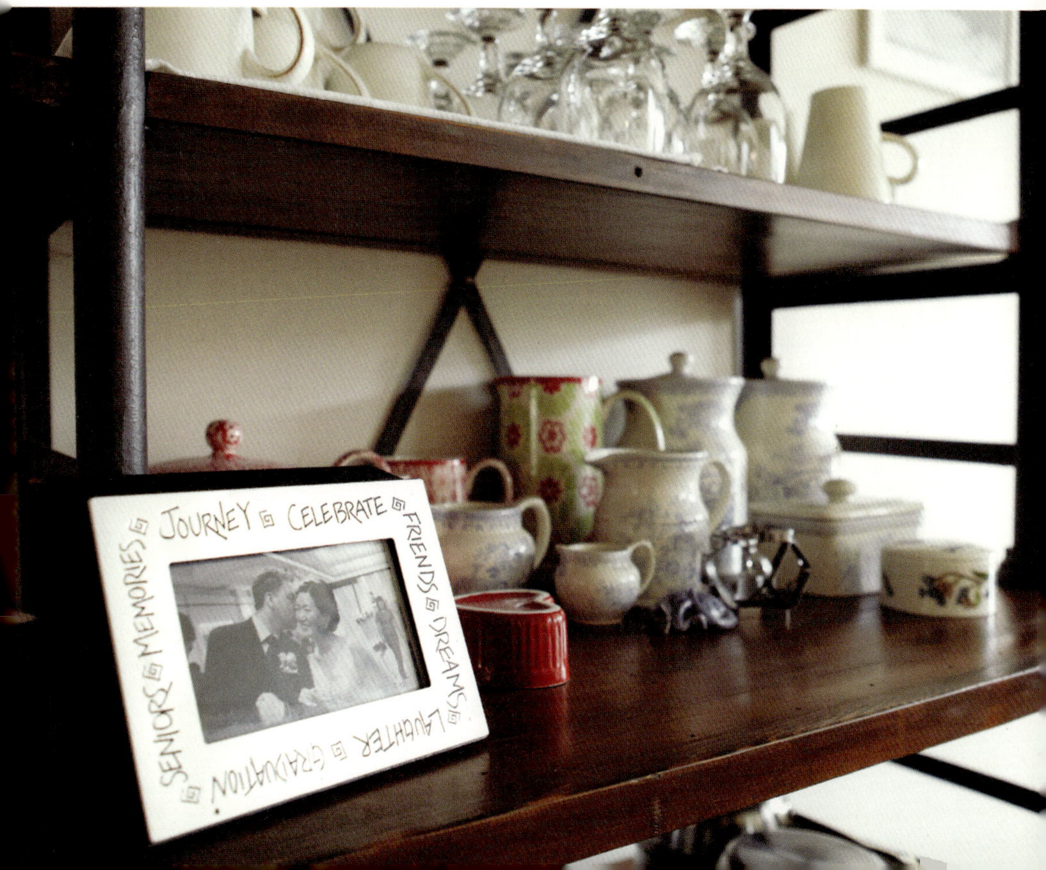
JOURNEY
CELEBRATE
FRIENDS
DREAMS
LAUGHTER
GRADUATION
SENIORS
MEMORIES

레스토랑 요리사의 꿈을 접은 대신 그녀는 한국으로 돌아와 요리교육기관에서 통역과 강의를 맡았고, 요리 유학을 가는 학생들을 도와 현지 요리학교와의 통역을 맡았습니다. 그러면서 다시 한번 꿈을 정비해 갔습니다. 그리고 재정비해 더욱 견고해진 꿈을 가지고 여행자들을 위한 작은 게스트하우스를 짓기 시작했습니다. 여행자들이 쉬어가며 음식을 먹고, 이야기를 나누고, 또 요리를 배울 수 있는 곳. 그녀의 요리에 대한 꿈은 레스토랑 요리사로서가 아니라 여행자들을 위한 요리사로 꽃을 피웠습니다.

"종종 소소한 즐거움이 그리워 여행을 떠나잖아요. 하염없이 걷던 일몰녘의 골목길이나 낯선 곳에서 눈을 떴을 때 뽀송뽀송한 침대 속에서 받아먹는 따뜻한 커피, 갓 구운 빵과 몇 조각의 과일이 주는 맛있는 부스러기 같은 기억들, 그런 기억들이 여행길을 재촉하기도 했거든요. 제 경우에는요. 제 음식이 그렇게 소소한 맛의 향연을 여행자에게 베풀어줬으면 좋겠어요."

두려운 마음으로 시작했던 그 시간들, 또 한번 호된 맛을 보는 건 아닐까 조바심냈던 그 시간들이 4년, 5년이라는 세월을 견디며 잘 발효되어 지금 그녀의 꿈들은 향긋한 냄새를 풍기며 피어오르고 있었습니다. 커다랗고 아름다운 부엌에서 그녀는 여행자들을 위한 요리를 하고 있습니다.

"그때 요리사라는 게 그렇게 힘든 직업이구나 하는 걸 알고 미리 겁먹고 요리를 배우지도 않았더라면 지금 이렇게 부엌에서 요리를 업으로 하며 서 있지 못하겠죠. 노선이 수정되긴 했지만, 어떤 형태로든 저는 요리를 하는 사람이 되었고, 그때 그렇게 와장창 깨져봤던 경험까지도 고마워요. 세상에 호락호락한 일은 없구나 하는 걸 제대로 배웠으니까요. 그래서 이 일을 시작했을 때는 마음을 단단히 다잡을 수 있었어요. 이게 쉽지만은 않을 거다, 눈물 쏙 뺄 날도 있을 거다, 뭐 이런 마음의 준비요. 그때 혼쭐나면서 면역체 같은 게 생긴 거죠. 그리고

사방으로 햇볕이 밝게 드는 다이닝 룸.
여행자들이 왁자하게 한때의 즐거운 식사를 즐길 수
있도록 테이블을 길게 만들어 두었다.

엄마와 함께 가꾸는 텃밭에서 파스타 재료인
방울토마토와 허브를 공수한다. 햇볕과 바람을 원 없이
먹고 자라는 녀석들이라 달고 향이 진해서
그녀의 요리에 효자 노릇을 톡톡히 해주고 있다.

가끔 여행자들이 몰아닥칠 때, 레스토랑 주방에서 전쟁처럼 해치운 실력을 발휘할 수도 있으니까 요리사가 되고 싶어서 주방에서 울었던 시간들이 다 헛것은 아니었어요."

신선한 재료가 자라는 작은 텃밭

그렇게 울었던 시간들을 거치면서 그녀는 자신에게 가장 잘 맞는 이탈리아 가정식을 클래스에서 가르치고 있습니다.

"쿠킹클래스 메뉴는 주로 파스타예요. 친구끼리, 가족끼리 파티나 모임을 예약해서 오시는 분들이 있어요. 그럴 때는 코스로 준비해 드리죠. 그때그때 필요한 채소와 허브는 텃밭에서 키워요. 텃밭은 엄마가 좋아하는 곳이죠. 깻잎이며 땅콩, 가지, 수수, 고추 등 웬만한 건 다 심어 키우세요. 저는 엄마의 텃밭 한쪽에 토마토도 심고, 집 앞에 각종 허브를 심어놓고 키워 먹어요. 이번 여름에는 비가 너무 많이 와서 토마토가 잘 크지 못했어요. 그래도 웬만한 파는 것들보다 훨씬 달고 맛있죠."

파스타를 만들기 전에 집 앞 텃밭에 나가 소쿠리에 토마토와 바질을 따서 담아옵니다. 토마토에 칼집을 넣어 살짝 데쳐 껍질을 벗겨내는 수고만 빼면 이 파스타 메뉴는 최고로 간단한 메뉴랍니다.

"굵은 토마토를 쓰면 손이 훨씬 덜 가요. 방울토마토는 굵기가 작으니까 껍질을 벗기는 게 좀 수고스럽죠. 그래도 맛은 방울토마토로 만들면 훨씬 나아요."

이렇게 간단한 요리일수록 면은 알덴테로 잘 삶아야 하고, 올리브유는 신선하고 맛이 깊어야 합니다. 사람들은 그녀가 조용하지만 경쾌한 어투로 조곤조곤 이야기하는 것을 들으며 자신만의 파스타에 도전해 봅니다. 세상에서 가장 맛있는 파스타를 이 부엌에서 만들어 보는 것이죠.

tools *for* kitchens

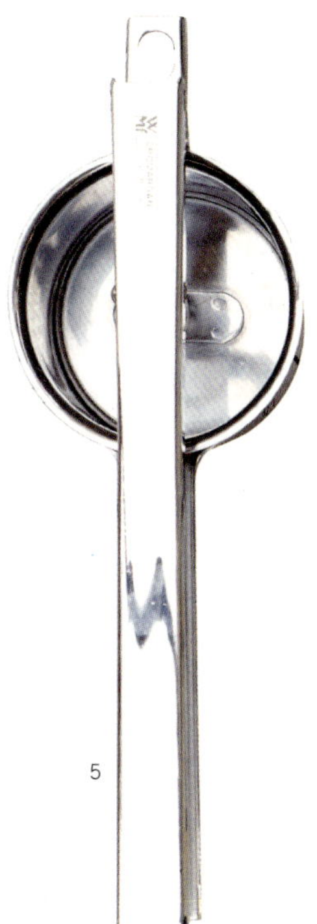

그녀가 좋아하는 부엌 살림

강선미씨는 손에 들고 만지작거릴 때마다
기분 좋아지는 작은 도구들에 특히 애착을 느낀다.
1 나무와 스테인리스의 질감이 잘 어울리는 치즈그레이터.
2 멜론 등 무른 과일을 동그랗게 잘라내는 멜론볼.
3 치즈나이프. 4 피자커터. 5 마늘다지기는
크기가 커서 감자매셔로도 활용 가능하다.
6 나무옹이가 멋진 치즈도마.

카프레제 스타일 콜드파스타

"이탈리아의 대표적인 애피타이저 메뉴인 카프레제를 변형한 파스타예요.
샐러드 만들 듯이 조리법도 간단하고
맛이 가볍고 담백해 부담없이 즐길 수 있어요."

<table>
<tr><td>재료(4인분)</td><td>스파게티면 320g, 바질 2잎, 그라나파다노치즈 20g,
모차렐라치즈 200g, 토스트한 바게트 약간
토마토 소스 – 잘 익은 토마토 400g, 바질 2잎, 올리브유 100g,
마늘 2쪽, 소금·후춧가루 약간씩</td></tr>
</table>

만드는 법

1. 토마토는 껍질을 벗겨 반으로 갈라 놓는다.
2. 토마토의 씨를 제거하고 체에 밭쳐서 물이 빠지게 한 후 굵게 채썬다.
   토마토에서 나온 즙은 버리지 않는다.
3. 썰어놓은 토마토에 바질, 마늘, 소금, 후춧가루를 넣고
   토마토즙과 함께 맛이 배게 30분 정도 둔다. 맛이 들면 마늘은 꺼낸다.
4. 스파게티면은 끓는 물에 소금을 넣고 알덴테로 익힌 뒤
   토마토소스에 넣고 섞는다.
   이때 그라나파다노치즈와 모차렐라치즈도 넣는다.
   접시에 스파게티를 담고 토스트한 바게트 한 조각을 올리고
   올리브유를 가볍게 뿌린 후 바질로 장식한다.

1

2

3

4

레드와 그레이로 포인트를 준 부엌

인테리어 스타일리스트: 심희진

"요즘은 화요일마다 요리를 배우고 있어요. 요리를 원래 좋아하는데 늘 아는 것만 한다 싶어 케이크와 빵도 좀 배워보려고 친한 분들과 함께 다녀요."

그녀는 인테리어 스타일리스트입니다. 그것도 요리에 관심이 참 많은 인테리어 스타일리스트죠. 인테리어 스타일리스트가 요리에 관심이 많다는 건 그냥 겉만 번지르르한 부엌이 아니라 요리를 좋아하는 마음으로 살림하는 공간을 디자인하고 만들 수 있다는 얘기이기도 합니다. 부엌에서 놀기를 좋아하다 보니 전에 살던 집 부엌도 다섯 차례 이상 바꿔놓았습니다.

"한번은 컨트리 스타일 주방을 잡지에서 봤어요. 외국 잡지를 보고 아무 고민 없이 그 다음날 주방을 바꿨어요. 잡지 속 사진에서처럼 나무 패널을 덧대고 블루톤의 색감을 입혀서 '나도 이런 부엌 갖고 싶다'고 생각하게 만드는 부엌을 만들어보고야 말았죠. 그때는 화이트 가전에 빠져서 뭐든지 화이트 가전제품만 사고 부엌 소품도 화이트로 바꾸곤 했어요. 가스 오븐을 사고 싶어서 카탈로그를 몇 번이나 들여다보고 돈을 모으기도 했고요."

그러니까 그녀는 바지런히 몸을 움직여 머릿속에 떠오르는 것들을 해봐야 속이 후련해지는 사람입니다. 대개는 딱히 맘에 차지 않아도 그냥 꾹 참고 삽니다. 아파트에 짜맞춰진 대로, 원래 되어 있던 대로. 아니면 내 집 장만할 때까지 눈에 거슬리는 게 많아도 그냥 꾹 참고 삽니다. 대개는 말이죠. 그게 아니면 그냥 시스템 부엌 하나 주문해서 맞춰 넣는 걸로 만족합니다. 맘에 드는 스타일로 일일이 꾸며보겠다고 한번 꿈쩍거리면 일이 커지고, 일을 벌여놓으면 감당이 안 될 성싶어 원하는 부엌으로 개조해 볼 엄두는 쉽게 나지 않으니까요. 인테리어 잡지에서 본 그 조명은 도대체 어디서 구하는지, 그 때깔의 타일은 또 어디서 사야 하는지, 조리대 상판 나무는 뭘로 해야 하는지, 수납장 손잡이는 어떤 철물점에 가야 있는지 하나씩 생각하다 보면 머리는 과부하가 걸려 뜨끈뜨끈해지면서 쥐가 납니다.

그런데 이 사람은 스케치북에 그림 그리듯 머릿속에 상상하는 부엌을 뚝딱뚝딱 만들어 갑니다. 지난번 살던 집은 다섯 번쯤 고치고 살았다니 판 벌이는 게 무섭지 않은 사람이죠. 그러다 보니 그게 업이 되었습니다. 패브릭을 전공하고 섬유 쪽 일을 하던 그녀에게는 더 스케일이 큰 일이 잘 맞았습니다. 그녀는 기본적인 인테리어 디자인부터 소품과 가구 배치, 패브릭 연출까지 공간의 스타일을 책임지는 인테리어 스타일리스트가 되어 일하고 있습니다.

부엌에서 바라본 다이닝 룸. 빨간색 아치가 다이닝 룸을 한 폭의 그림처럼 보이게 한다. 주방 전기레인지 오른쪽 세로로 긴 수납장은 자주 쓰는 양념을 쉽게 꺼낼 수 있도록 틈새 레일장으로 만든 것이다.

양념통만 일렬종대로 세워만 두어도 인테리어 효과를 볼 수 있다. 별것 아닌 것 같지만 깔끔한 디자인의 콘센트도
부엌 인테리어의 완성도를 높여준다.

그릇장 안에 ㄷ자 작은 선반을 짜 넣어 양념통을 이층으로 수납할 수 있도록 했다.

내 맘대로, 오래된 전셋집 부엌을 손보다

일에 치여 다른 사람의 공간만 주야장천 고쳐주다 보니 어느 날 자기가 사는 집을 한번 잘 고쳐서 살고 싶어졌습니다. 우선 스케일이 큰지라 좀 넓은 평수로 이사하기로 생각했고, 전셋집이라 많은 예산을 들일 수 없어 기본 구조를 바꾸지 않아도 되는 집을 찾았습니다. 최신 자재와 말끔한 빌트인 가구로 치장한 새 아파트보다 뜻대로 고칠 수 있는 오래된 아파트를 찾았고, 오래 편하게 쓰고 싶은 부엌을 만들기 위해 하나하나 손수 제작에 들어갔습니다.

"회색을 기본으로 하고 빨간색으로 포인트를 줬어요. 그릇 등 기본 살림은 화이트로 했고요. 바닥은 대리석인데 아이보리빛이에요. 주방 벽 타일 컬러는 화이트에 회색 시멘트로 줄눈을 채워서 아주 새것처럼 보이지 않게 했어요. 바닥 대리석과 톤을 맞추느라고요. 타일 줄눈이 하얀색이면 너무 새것 티가 나죠."

컬러에 포인트를 두되 너무 산만하거나 색을 많이 써서 오히려 해가 되는 일이 없도록 기본 컬러를 두 가지로 정했습니다. 회색 톤의 차분함이 주를 이루니 빨간색의 포인트가 더 빛을 발했습니다. 부엌가구며 소품의 색도 주된 색깔에 어울리게 배치했고요.

"모든 부엌가구를 교체하는 대신 기존에 있던 수납장의 문을 떼어내고 새 문을 달고 칠했더니 새로 들여놓은 것 같더라고요. 주방 싱크대와 상부 수납장은 만들어 넣었고요. 직접 만든다고 꼭 기성제품을 사는 것보다 저렴한 것은 아니에요. 다만 자기가 원하는 동선에 맞게 짤 수 있고, 원하는 디자인으로 만들 수 있다는 게 가장 큰 장점이죠. 예를 들어 조리하는 전기레인지 옆으로 자주 쓰는 양념통들을 넣을 수 있는 좁고 긴 수납장을 만들고 레일을 달아, 칸칸이 손이 자주 가는 순서대로 정리해 두니 꺼내 쓰기 편하고 정리가 아주 쉬워졌어요. 이런 구조는 이 부엌에서 매일 음식하는 제가 가장 편하게 쓸 수 있는 방법으로 생각해 내는 거죠."

천연석 상판, 전기오븐, 작은 냉장고의 매력

부엌을 기능적이면서도 아름답게 하는 요소 중에 큰 역할을 하는 게 조명입니다.

"천장에 레일을 달아 할로겐등을 설치해 구석구석 밝게 비추게 했어요. 조리할 때는 빛이 중요하니까요. 형광등보다는 따뜻한 할로겐등을 써요. 불빛이 더 밝고 구석구석 비추는 장점이 있거든요. 조명등 몇 개, 부분적인 페인트칠만으로도 충분히 집 안 분위기가 달라질 수 있어요."

부엌에서 오래 일하기를 즐기는 인테리어 스타일리스트답게 예쁜 것만큼이나 효율적이고 기능적인 부엌을 곳곳에서 생각해 냈습니다. 조명처럼 실용적이고도 미적인 특징을 살린 것으로 이동식 조리대를 눈여겨보지 않을 수 없습니다. 천연 대리석을 상판으로 깐 보조 조리대는 바퀴를 달아 이동식 트레이처럼 쓸 수 있습니다. 냉장고에서 여러 가지 재료를 꺼내올 때, 식탁에 완성한 음식을 내갈 때 아주 유용한 부엌가구입니다. 게다가 천연 대리석 상판을 써서 요즘 흠뻑 빠져 있는 빵 만들기나 초콜릿 만들기 등 취미생활에도 활용도가 높죠.

"이거 쓰면서 천연석 팬이 됐어요. 천연석 상판은 반죽을 하거나 냉장고에 있는 음식을 준비하는 조리대로 아주 좋아요. 커다란 도마를 꺼낼 필요도 없고, 널찍한 상판 위에서 바로 거침없이 반죽할 수 있으니까 베이킹하는 기분이 제대로 나더라고요. 조리대 아래 수납칸에는 조리할 때 필요한 재료나 도구를 한꺼번에 꺼내 담아놓고 일할 수 있어서 요리하는 중간중간 뭘 찾고 꺼내오느라 부산떨 필요도 없고요."

이동식 조리대 외에 새로 장만한 부엌가구 중에 마음에 쏙 드는 게 하나 더 있습니다.

1 천연 대리석 상판의 이동식 조리대는 특히 좋아하는 부엌가구다. 2 새로 구입한 스메그의 전기호브오븐은 가스 냄새가 안 나고 조리가 빠른 것이 장점이다. 3 그릇은 색깔별로 정리해 둔다. 4 속이 깊지 않아 사용하기 편한 냉장고.

1

2

3

4

KEEP
CALM
AND
CARRY
ON

"오븐 요리가 많아서 큰 맘 먹고 스메그smeg의 전기호브오븐을 구입했는데 좋은 점이 너무 많아요. 일단 가스 냄새가 안 난다는 것, 요리가 빠르다는 것, 청소가 쉽다는 것. 잘 고른 도구가 생각보다 훨씬 쓸모 있을 때면 뿌듯해지죠. 냉장고도 그렇네요. 그동안 버리지 못하고 쓰던 냉장고는 엄마가 꼭 갖고 싶어 하던 양문형 냉장고였어요. 냉장고를 장만하시고는 한 달도 못돼 돌아가셨죠. 차마 버릴 수 없어 15년을 쓰다가 이번에 청산하고 우리 살림에 맞는 냉장고를 새로 탐색했어요. 15년 된 냉장고를 버리고 새 냉장고를 구입했는데 속이 아주 깊지 않아서 부담스럽지 않아요.

냉장고 속이 깊으면 다른 부엌가구와 맞지 않게 돌출될 뿐만 아니라 안쪽에 넣어둔 것은 하염없이 방치되기 쉽더라고요. 큰 냉장고와 함께 작은 냉장고를 따로 두어 채소, 음료수, 과일, 간식, 버터, 유제품 등 냄새가 배는 것들은 따로 보관해요. 자주 열어 찾는 것들은 작은 냉장고 안에 따로 넣어두면 다른 음식들이 상하지도 않고, 서로 냄새 배는 것들끼리 분리해 둘 수 있어 좋더라고요."

어린 아들이 둘이나 있는 집이다 보니 간식거리를 찾아 냉장고 문을 하루에도 몇 차례나 열어대니까요. 아이들이 커다란 냉장고 문을 열어두고 한참을 서성이지 않게 따로 마련한 작은 냉장고는 실용적으로 잘 쓰이고 있습니다.

스무 명까지 앉을 수 있는 익스텐션 테이블

부엌이 요리를 즐기는 그녀만의 사적인 공간이라면 그녀가 가족이나 지인들과 어울리는 공간은 부엌 옆 다이닝 룸입니다. 집에서 특별히 좋아하는 곳이기도 하죠. 요리를 좋아하는 사람들은 누군가가 맛있게 먹어주는 것을 좋아하기 마련이라 이렇게 함께 먹고 즐길 수 있는 공간은 부엌 조리대 만큼이나 중요합니다. 혼자서 일을 하기도 하고, 사람들을 초대해 떠들썩하게 식사할 수도 있는

천장의 빨간색 몰딩 장식이 포인트를 이루는 다이닝 룸.
손님 초대하기를 좋아하는 그녀는 필요할 때 넓게
확장해 쓸 수 있는 익스텐션 테이블을 마련했다. 세덱 제품.

곳. 역시 이 공간의 주된 색감도 회색 톤입니다. 부엌보다는 더 짙은 회색 톤의 가구들과 강렬한 붉은색 샹들리에가 인상적입니다.

"다이닝 룸의 창문은 이전에 살던 사람이 목공 작업을 해놨어요. 목공 창문과 바닥은 원래 것을 살렸고, 창문에는 칠판 페인트를 발랐어요. 그 위에 아이와 제가 분필로 글씨를 써서 장식했고요. 벽은 페인트 마감으로, 천장은 벽지 마감으로. 일부러 좀 어둡게 만들었는데, 제가 아주 좋아하는 공간이에요."

다이닝 룸 한쪽에는 간단히 손을 씻을 수 있도록 워시스탠드를 만들었습니다.

"작게 세면대를 만들어 두면 손님들이 왔을 때 번거롭지 않게 손을 씻을 수 있어서 좋겠다 싶었어요. 가구를 사서 대리석 볼을 만들고 미리 설비한 배수를 이용한 방법이에요."

그녀는 다이닝 룸이 생기면 그곳에 커다란 식탁을 놓기를 바랐습니다. 평소 요리하기를 좋아해 손님 초대가 잦은 까닭에 다이닝 룸 식탁으로 스무 명까지 앉을 수 있는 세덱의 익스텐션extension 테이블을 선택했습니다. 평상시에는 보통 사이즈로 쓰다가 많은 손님을 초대하는 날 커다란 테이블로 펼쳐 쓸 수 있는 식탁입니다. 디자인이 심플해 천장이 높지 않은 아파트에도 적합하겠다 눈여겨 보던 제품입니다.

"다이닝 룸에 둔 그릇장은 프랑스에서 만든 앤티크 스타일의 가구예요. 오리지널 앤티크 가구보다 싸게 구입할 수 있으면서 빈티지한 느낌을 살릴 수 있다는 게 좋아요. 이런 가구들은 오래오래 써도 질리지 않거든요."

1 기존 수납장에 문짝만 교체해 새 가구처럼 만든 주방 수납장. 회색 페인트를 칠하고 답답해 보이지 않게 유리를 끼웠다. 왼쪽 뒤편으로는 익스텐션 테이블이 놓인 다이닝 룸이 보인다.
2 작은 사다리를 두어 높은 수납장의 물건도 쉽게 꺼낸다.

1

2

그릇만 잘 갖추어도 손님 초대가 근사해진다

"특별히 좋아하는 그릇은 다이닝 룸 그릇장에 넣어두었어요. 특정 브랜드를 좋아하지는 않아요. 그저 어느 날 보니까 블루 컬러 그릇들을 모으고 있더라고요. 서로 다른 질감이나 디자인이어도 색깔이 통일되면 차려놓았을 때 다양성과 통일감을 줄 수가 있어요. 누군가를 초대한 자리에 메뉴를 정하고 담아내는 방법도 중요하지만 전체적으로 스타일이 맞는 그릇이 갖춰지면 특별한 연출 없이도 근사해 보이거든요. 토요일이나 일요일 저녁 좋은 그릇을 꺼내 세팅해 두고 코스로 음식을 차려내요. 파스타나 쌀국수같이 늘 먹는 일상적인 음식이 아니면서 요리하기 간단한 메뉴를 택하죠.

손님을 초대할 때도 마찬가지예요. 드라이카레나 샌드위치, 샐러드, 얌운센 등을 메뉴로 정하고, 요리할 때는 먼저 디저트를 해놓고 메인 요리를 준비해요. 컵티라미수와 컵과일, 초코케이크 등 디저트에 중점을 두고 준비하죠. 맛있는 기억이 오래 가려면 식사의 마무리인 디저트가 중요하거든요."

그녀가 즐겨 만드는 메뉴는 카레입니다. 심희진표 카레.

"제가 자주 만드는 카레 요리에는 마샬라와 카레가루, 토마토주스 1컵, 매운 고추(태국고추)가 필요해요. 다진 양파, 토마토, 버섯에 참깨 다진 것도 한 컵 정도 넣고요. 그럼 아주 고소해지거든요. 아이들이 먹을 때는 맵지 않게 사워 크림을 곁들여 내면 늘 먹는 카레와는 또 다른 일품 요리가 돼요. 여기에 샐러드 채소를 준비하고 레몬즙에 올리브유, 화이트와인 비네거, 설탕, 소금, 후춧가루를 섞어 드레싱을 만들어 살짝 뿌려내면 친구가 와도 금방 차려낼 수 있는 한 끼 식사가 돼요."

1

4

2

3

5

다양한 스타일의 그릇 모으기

예쁜 그릇은 꼭 음식을 담지 않아도, 보기만 해도 기분이 좋다. 다양한 스타일의
그릇을 모으는 것은 그녀의 큰 즐거움이다.
1, 4, 6, 7 자라홈에서 함께 구입한 디저트 접시. 알록달록한 패턴이 사랑스럽다.
2 프랑스 제품으로 장식적인 문양과 화이트 컬러가 조화를 이루는 클래식한 찻잔.
3, 5 심플한 라인과 깔끔한 컬러가 모던한 그릇.

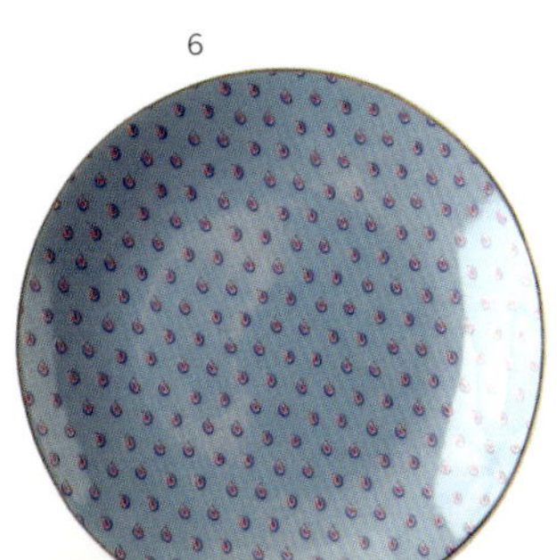

6

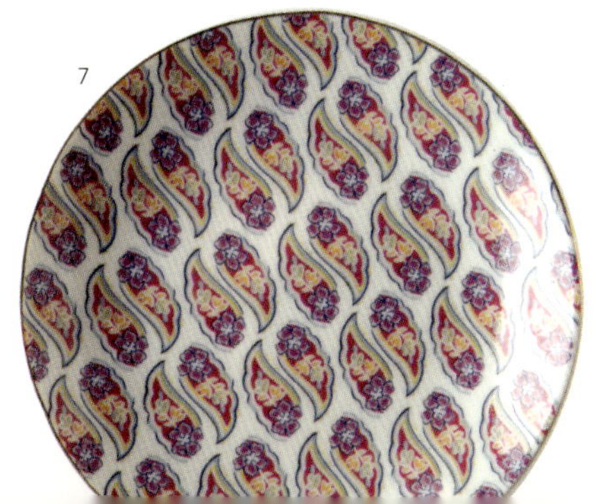

7

1

2

　가족이 자주 모이지는 못하더라도 한번 모이면 함께인 것이 참 좋고 근사한 일이라는 것을 기억하기 위해 이처럼 정성을 들입니다. 테이블 매트도 깔고, 그릇도 가장 좋은 것으로 고르고, 요즘 한창 실력을 갈고 닦은 메뉴를 준비하고…. 그렇게 식구가 '식구 되는' 가족의 밥상을 공들여 차리는 것, 그것이 그녀의 즐거움이니까요. 인테리어에 이렇게 공들인 것도 다 그 즐거움이 배가되라고 한 것이겠지요.

1 왼쪽 위의 접시는 세덱, 왼쪽 아래 접시는
이천의 도자기 작가 작품이고, 밀크 저그와 티포트는
로얄 코펜하겐 제품. 로얄 코펜하겐 제품만으로
세팅하면 노숙한 느낌이 들어 이처럼 패턴과 컬러가
맞는 것을 매치해서 쓴다. 2 그녀가 즐겨 요리하는
카레에 사워 크림과 샐러드를 곁들였다.

조명 하나로 부엌에 포인트를 주는 법

부엌 인테리어를 위해 꼭 부엌가구를 몽땅 바꿔야 하는 것은 아닙니다. 조명만 변화를 줘도 밋밋하고 평범했던 부엌에 포인트를 줄 수 있습니다. 예를 들어 식탁이나 아일랜드 위로는 낮게 드리운 펜던트 조명을 달아놓으면 은은한 느낌을 살릴 수 있습니다. 레일을 달아 움직이는 조명을 설치할 수도 있고, 다이닝 룸의 경우에는 디자인이 독특하거나 화려한 조명을 달아 색다른 분위기를 연출해 볼 수도 있습니다. 을지로5가 조명 거리에 가면 다양한 제품을 저렴하게 구입할 수 있어요. 펜던트 조명 정도는 구입해 직접 설치하는 것도 어렵지 않답니다.

펜던트

요즘 부엌에 많이 사용하는 철제 갓을 씌운 펜던트는 따뜻하면서도 앤티크한 느낌을 낼 수 있습니다. 부분적으로 공간에 포인트를 주는 조명이죠. 천장에 달아 늘어뜨려 원하는 공간을 비추도록 설치하는데, 식탁이나 아일랜드 위에 설치하면 조명만으로도 공간에 힘을 줄 수 있습니다.

노출식 할로겐

갤러리 그림을 비추듯이 노출식 할로겐 조명은 부분적인 조명 효과를 위해 많이 사용합니다. 방향과 각도를 자유자재로 조절하며 비추고 싶은 곳에 스포트라이트 효과를 주기 때문에 부엌 장식장 같은 특별한 공간을 비추어 갤러리 효과를 낼 수 있습니다.

샹들리에

그 형태만으로도 화려한 느낌을 내는 샹들리에는 밋밋하고 심심한 공간에 포인트를 주기에 좋습니다. 부엌보다는 다이닝 룸 식탁을 비추는 조명으로 달아주면 로맨틱한 분위기를 살릴 수 있습니다. 샹들리에를 돋보이게 하기 위해서는 가구들은 심플한 디자인이면 더욱 좋습니다.

화이트 컬러에 나무 질감을 살린 부엌

요리 강사: 리카

나무의 따뜻한 질감은 흰색을 배경으로 삼았을 때 가장 돋보입니다. 매일 들어가는 부엌, 트렌디하고 핫한 스타일도 좋지만 오래 두고 질리지 않는 부엌이면 더 좋겠다 생각했고, 이왕이면 시간의 결이 느껴지는 빈티지한 느낌도 살아 있으면 좋겠다 생각했습니다. 요리연구가인 '리카'씨는 외국 잡지나 책 속에서 맘에 드는 부엌 이미지를 스크랩해 두었다가 가장 본인이 바라는 부엌 이미지에 가까운 모습을 만들어 가기 시작했습니다. 바로 얼마 전에 단장한 그녀의 작업실 말입니다.

"먼저 기본 컬러를 정해뒀어요. 많지 않게 서너 가지 정도만 사용하자, 기본이 되는 흰색, 차분한 느낌을 주는 회색, 거기에 나무와 메탈 소재의 부엌 가구가 들어갈 거고, 포인트로 톤 다운된 핑크가 들어가면 좋겠다… 이렇게 컬러를 정했어요. 톤 다운된 핑크는 입구의 그릇장 있는 공간에만 썼고요, 부엌 공간은 회색과 흰색만 썼어요.

아일랜드와 싱크대 상판은 나무로 짜 넣었고요. 나무를 상판으로 써도 괜찮은지 많이 물으세요. 본인들도 나무 상판을 쓰고 싶은데 뒤틀리거나 물기 많은 부엌에서 습기차고 곰팡이가 슬까 봐 선뜻 못 쓰시겠다고요. 제가 쓰고 있는 이

전형적인 무표정한 사무실이었던 곳에 창문을 덧대어 달고 아늑한 부엌 작업실을 꾸몄다.

작업실 입구에는 그녀가 즐겨 쓰는 다양한 외국 향신료들을 진열해 두었다. 가지런히 놓아두니 그 자체로 멋스럽다.

나무 상판 아일랜드는 2년째 쓰고 있거든요. 멀쩡해요. 일반 주부들보다 훨씬 요리하는 시간이 많은데 이 정도로 멀쩡한 걸 보면 괜찮은 거겠죠?"

깨끗한 화이트 싱크장 위에 얹은 나무 상판은 좀 짙은 색감이 나오게 코팅을 했습니다. 차분하고 클래식하면서도 세련미가 있는 유럽 스타일의 부엌을 선호하는 리카씨는 나무 가구들을 모두 조금 짙은 톤으로 장만했습니다. 자칫 흰색의 싱크대가 너무 가벼워 보일 수 있는 점을 보완하기도 하고, 짙은 색감에서 나무의 따뜻한 맛이 더 잘 우러나기도 합니다. 그리고 메탈 소재의 후드와 냉장고, 오븐이 적당히 무게감을 지니면서 주방에 세련된 멋을 더합니다.

가지런한 수납으로 인테리어 효과를 내다

"냉장고를 바꾸면서 고민했는데 가정에서 많이 쓰는 흰색 냉장고보다는 메탈 소재로 된 것이 세련된 느낌이 들더라고요. 청결해 보이기도 하고요. 온통 흰색과 회색, 나무 소재로 따뜻한 느낌을 주는 부엌에 메탈 소재의 가전제품을 적절히 배치하면 세련된 느낌을 더할 수 있는 것 같아요."

벽에 짜 넣은 듯 보이는 흰색 수납장은 사실 이사할 때마다 들고 다닐 수 있게 제작한 가구입니다. 수납장을 다 가려놓으면 답답하고 유리로 막아두는 것도 원치 않아서 흰색 철망을 달아 통풍이 잘되고 미관상으로도 예쁜 수납장을 만들었습니다.

"먼지 많이 들어가면 어쩌나 했는데 별로 먼지를 타지 않더라고요. 오히려 통풍이 잘 돼서 냄새나는 일 없어 좋고요. 적당히 가려지면서 적당히 보이는 수납이라 디스플레이 효과도 나요."

흰 수납장 안에는 주로 많이 쓰는 흰색 그릇만 정리해 놓았는데요, 특별히 멋진 그릇만 수납해 둔 것도 아닌데 나름의 멋이 있어 인테리어 효과를 톡톡히

내고 있습니다. 깔끔한 수납을 좋아해서 자주 쓰는 흰 그릇을 제외하고는 모두 속이 보이지 않는 수납장에 넣어두었습니다. 벽면을 따라 기다랗고 낮은 수납장을 짜 넣어 의자처럼 걸터앉을 수 있으면서도 갖가지 그릇이며 부엌 소품을 수납할 수 있도록 여유공간을 만든 것도 특징입니다. 부엌이 전체적으로 환한 느낌이 드는 데는 다양한 모양의 반투명 유리를 끼워넣은 창문의 공이 큽니다.

"작업실을 고를 때부터 햇볕이 잘 드는 곳이면 좋겠다 생각했어요. 햇볕이 잘 드는 곳을 찾긴 했는데 보통 건물의 창문들이 예쁘지 않잖아요. 창문을 교체하기는 쉽지 않아 나무를 덧대고 창문을 만들어 달았어요. 이중 방음 효과도 있고 단열 효과도 있고, 게다가 공간이 훨씬 환하고 예뻐져서 좋아요. 창문마다 커튼을 주렁주렁 달기보다 반투명 유리를 활용해 적절히 햇볕이 들어오면서도 밖의 답답한 건물이나 지저분한 풍경이 보이지 않도록 했어요. 반투명 유리는 표면 패턴이 다양해 그 자체로도 멋스러운 소재 같아요."

그녀의 부엌에 오래 앉아 있어도 기분이 좋은 이유가 바로 햇볕을 부지런히 실어나르는 창문이 많기 때문이라는 것을 알았습니다. 오래 부엌에서 일해야 하는 경우, 바람을 실어나르고 햇볕을 투과해 주는 큼지막한 창문이 있다는 게 얼마나 큰 힘인지 부엌에서 긴 시간 일해본 사람들은 압니다. 이왕이면 창문 밖으로 멋진 조망이 펼쳐져 있다면 더욱 좋겠지만 그렇지 않을 경우에는 오히려 투명한 창으로 훤히 보이는 답답한 시야, 어지러운 풍경은 눈을 더 피로하게 합니다. 그럴 때는 햇볕만 부드럽게 투과시켜 주는 반투명 유리 소재가 톡톡히 제 역할을 합니다.

화사한 햇볕이 기분 좋은 공간을 만들어준다.
늘어놓는 것을 싫어하는 까닭에 웬만한
살림살이들은 수납장 안으로 넣어 깔끔하게 정리했고,
자주 쓰는 흰 그릇만 가지런히 진열했다.

벽면에 짜 넣은 선반에는 같은 라인의 그릇으로 규칙적인 패턴을 만들어 진열해 인테리어 효과를 주었다.

흰색 그릇이 좌우 대칭을 맞추어 진열된 그릇장이 아트 오브제처럼 아름답다. 짜 넣은 것 같은 이 그릇장은 이사할 때마다 들고 다닐 수 있는 가구. 답답해 보이지 않도록 흰색 철망으로 문을 달았다.

마흔둘, 처음 요리를 업으로 시작하다

그녀는 워낙에 부엌 공간을 좋아했지만 이렇게 직업으로서 부엌 작업실을 갖게 될 것은 미처 생각지 못한 일이었습니다.

"마흔둘이 넘어서야 처음 일을 시작했어요. 십수 년을 전업주부로 살다가 처음 일을 시작할 때는 두렵고 떨렸죠."

대형 백화점 문화센터 요리강좌 중에서도 가장 빨리 접수가 끝나고 많은 사람이 수강하는 인기 요리 강사가 된 그녀의 경력은 1년 반이 겨우 넘어가고 있습니다. 외국에서 생활하다가 한국에 들어온 것은 2년 전. 그런데 지금의 그녀를 보면 십수 년은 이 바닥에서 경력을 닦아온 사람처럼 노련미가 넘칩니다.

"십 년 넘게 일본, 캐나다, 싱가포르 등지에서 살았거든요. 거기에서 먹고 보고 요리를 배워온 시간들이 제 안에 축적되어서 자연스럽게 강의 속에 드러나는 것 같아요. 그냥 요리 레시피만 전하는 게 아니라 외국의 다양한 문화, 요즘의 트렌드, 핫한 레스토랑이나 그릇 숍 등 살면서 보고 듣고 느낀 것들을 음식 속에 담아내려고 노력해요. 그게 제가 빠른 시간 안에 이 일로 사랑받게 된 이유가 아닌가 싶어요."

일찍 결혼하고 외국 생활을 시작한 까닭에 어떤 직장도 다녀보지 않았던 그녀는 자기 스스로도 이렇게 빠른 시간에 일하는 여성으로 살게 될 줄은 몰랐습니다. 다만 그동안 차곡차곡 배워온 것들, 생활 속에서 공부해 온 것들을 잘 꿰어 온전히 자신만의 것으로 만든 게 한국에 와서 좋은 기회를 만나 꽃피우고 있다는 생각에 감사할 뿐입니다. 그녀는 다양한 요리를 가르치고 있지만 외국 생활 중 10년을 도쿄와 오사카에서 살았기에 가장 자신 있는 요리는 일본 가정식입니다. 그녀의 일본 요리 수업을 듣는 학생들은 일본 요리가 이렇게 쉬운 줄 몰랐다고 말합니다.

1

2

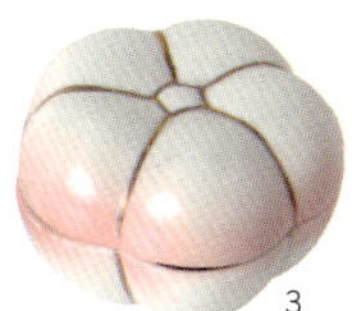

3

4

5

자랑하고 싶은 그릇

그녀의 부엌 수납장에는 긴 세월 틈틈이 모은 앙증맞은 일본 식기들이 가득하다.
1 토끼, 벚꽃, 리본 등 다양한 모양의 수저받침.
2 뚜껑의 장식이 앙증맞은 밥그릇. 3 연꽃 모양을 살려 만든 그릇.
4 밥 또는 국을 담는 일본식 사발. 5 각기 다른 형태와 컬러가 재미있는 찻잔.
6 뚜껑의 벚꽃 패턴이 멋진 소스 그릇.
7 일본 특유의 정교한 아름다움이 느껴지는 찬합.
8 상에 올린 채 음식을 데우거나 익힐 수 있는 미니 화로.

6

7

8

창문에는 커튼 대신 반투명 유리로 창을 덧대어 달았다.
햇볕은 넉넉히 받아들이면서도 복잡한 바깥 풍경은
차단해 준다. 가장 큰 주방가전인 냉장고를 메탈 소재로 택해
세련된 멋을 더했다. 냉장고와 가스레인지는 삼성 빌트인 제품.

다양한 외국 요리 잡지는 요리는 물론 푸드 스타일링을 배우는 데도 큰 도움이 된다.

즐겨 사용하는 외국 소스들. 활용법만 알면 일상적인 가정 요리에도 새로운 맛을 더해줄 수 있다.

"음식 레시피를 하나씩 가르치기보다는 전체적인 일본 요리의 특징, 소스의 기본 공식 등을 가르치죠. 그렇게 배우고 나면 응용력이 생겨요. 레시피 100개를 배우는 것보다 공식 10개를 제대로 알면 활용할 수 있는 범위가 커지니까요. 일본 요리는 조리 과정이 복잡하지 않아서 빠르게 요리할 수 있고, 기본기만 익히면 대개 맛있는 음식을 만들어낼 수 있어서 배우는 즐거움이 있죠."

요리 수업은 요리뿐 아니라 푸드 스타일링과 테이블 세팅까지 아우릅니다. 맛있게 먹는 것만큼 멋있게 먹는 것도 중요하니까요. 서너 가지 음식만 차려내도 대접받는 느낌을 주는 것, 꽃 한 송이만 꽂아도 잘 차려진 식탁이라는 생각이 들게끔 하는 것. "따로 푸드 스타일링을 공부한 것은 아니지만 제가 옷 디자인을 공부했거든요. 그러니 테이블 차림에서 패브릭을 고르는 거나 음식을 배치하는 것에 대해서는 감각이 조금 있는 편이에요. 하지만 무엇보다 외국 잡지를 많이 본 것이 큰 도움이 됐어요. 서점에 가서 책들을 보고 많은 이미지를 접하다 보면 자기도 모르는 새 안목이 생기거든요. 식탁을 차릴 때마다 조금씩 적용해 보는 거죠. 다양한 화보를 보다 보면 저만의 아이디어가 떠오르기도 하고, 그러면서 자꾸 이렇게 저렇게 궁리해 보는 게 즐거워요."

찬장에서 유통기한을 넘기고 있는 외국 식재료 활용법

그녀의 요리가 어렵지 않은 것은 특별한 레시피를 배워야 하는 게 아니라 가지고 있는 재료를 적절히 활용하는 방법을 가르쳐주기 때문이기도 합니다. 예를 들어 누구나 한 번씩 요리 좀 해보겠다고 찬장에 쟁여 놓은, 또는 냉장고 한쪽에 일렬종대로 진열해 놓은 외국 식재료들이 있습니다. 발사믹소스나 피시소스, 핫소스, 오레가노나 타임 등의 허브 종류들. 요리에 관심 좀 있다 하는 사람들의 찬장을 열어보면 하나쯤은 꼭 있는 재료들입니다.

어느 한때 요리에 대한 불타는 의지로 장만해 놓은 외국 소스들은 찬장 귀퉁이에서 유통기한을 넘겨가며 발효 아닌 발효의 시간을 거쳐가고 있습니다.

발사믹소스는 포카치아 빵에 찍어먹겠다고 사서 딱 한 번 사용했고, 피시소스도 잡지에서 본 동남아 요리를 한번 해먹으려고 사다놓고, 허브도 종류별로 구비해 두었습니다. 그러나 정작 한두 번 쓰고는 방치되어 있다면 이런 재료를 잘 활용해 늘 먹는 음식에 새로운 맛을 더할 수 있습니다.

"일상적인 한식을 요리할 때도 외국 식재료들을 많이 활용해요. 예를 들어 피시소스는 국 끓일 때 살짝 넣으면 감칠맛을 더하고요, 김치 담글 때도 멸치액젓 대신 넣으면 또 다른 감칠맛을 내요. 김치볶음밥을 할 때도 피시소스를 약간 넣으면 맛의 깊이가 달라져요. 레드커리 페이스트도 볶음밥에 넣으면 아, 볶음밥이 이런 맛도 나는구나 하고 놀라게 돼요.

오레가노와 같은 허브류는 샐러드 드레싱이나 카나페를 만들 때 자주 활용해 주고요, 발사믹소스도 조려서 쓰면 샐러드 드레싱으로도 훌륭하고 간장과 섞어서 한식 요리를 할 때 써도 좋아요. 발사믹소스를 끓여서 간장과 마늘, 고추를 넣고 닭봉을 조리면 간장만 베이스로 한 양념장과는 깊이가 다른 맛이 나요. 조리면서 발사믹소스의 신맛이 날아가고 감칠맛이 남아서 훨씬 맛있게 느껴지지요. 또 발사믹과 간장, 올리브유, 마늘, 다진 청양고추과 견과류를 넣어 드레싱을 만들면 한식 샐러드 드레싱으로도 제격이고요."

톡톡 튀는 아이디어가 가득한 그녀는 기회가 된다면 일본인들을 대상으로 한국 음식을 가르쳐 보려고 합니다. 일본에서 오랫동안 살면서 일본인들의 입맛이나 문화에 대해 잘 알고 있기 때문에 한국 음식을 이해하기 쉽게 전할 수 있으리란 자신감이 있기 때문입니다. 날마다 새로운 요리를 구상하고 기획하고 있는 그녀의 부엌은 에너지로 가득 차 있습니다.

찬장 속 외국 소스 탈출시키는 쉽고 폼나는 요리

발사믹소스로 조린 버섯 카나페

버섯 남은 게 있다면 올리브유에 마늘 슬라이스한 것을 볶다가 버섯을 넣은 후 발사믹소스를 넣고 간장, 소금, 후춧가루로 간한 후 허브를 살짝 뿌려 카나페 속을 만들어요. 그리고 작게 자른 식빵에 크림치즈를 바르고 만든 재료를 올린 후 샐러드 채소를 살짝 올려 내면 맛있는 간식도 되고 간단한 손님 접대용 핑거푸드가 완성됩니다.

칠리오일 고기볶음

칠리오일은 태국 볶음누들을 만들 때나 고기볶음, 볶음밥에 사용하면 맛을 내줘요. 고추기름처럼 매콤하지는 않지만 식용유로 볶는 것보다 훨씬 깊은 맛을 낼 수 있어요. 칼디먼, 스타아니언스, 고수 등이 들어가 있거든요.

피시소스로 간한 볶음밥

달걀은 먼저 따로 스크램블해서 볶아 두세요. 팬에 기름을 두른 뒤 마늘, 생강, 고추, 양파 등을 먼저 볶아 기름에 향을 배게 하세요. 채소를 다져 넣고, 고기나 해물도 넣고, 밑간으로 소금, 후춧가루를 약간 넣고요. 남아 있는 찬밥을 넣고 섞은 후 스크램블해 둔 달걀을 넣고 피시소스 넣어 간을 맞춰요. 감칠맛이 돌고 정말 맛있답니다.

스리라차소스로 만드는 참치샌드위치

스리라차소스는 동남아시아 요리나 쌀국수에 뿌려 먹는 매운 고추로 만든 소스죠. 참치샌드위치를 만들 때 활용하면 맛을 더해주는데 마요네즈에 적당량 섞은 후 참치, 다진 양파와 함께 버무려 샌드위치 속으로 넣어 먹으면 돼요. 다들 맛있다고 하는 메뉴랍니다.

작은 집을 위한 ㄷ자형 오픈 키친

인테리어 디자이너: 이고운

　"오래된 집에는 재미난 요소가 많아요. 낡고 오래된 집이라고 무조건 다 뜯어 고치면 재미없는 집이 되고 말죠."

　인테리어 디자이너 이고운씨는 지난 봄 자기 집을 고치기 시작했습니다. 30년 된 빌라는 옛날의 집 구조들이 그렇듯이 작은 방 3개에 좁은 부엌을 가진 집이었습니다. 이 구조는 젊은 부부에게는 너무 답답했습니다. 본인들이 가지고 있는 가구와 살림살이를 놓기 적합하고, 집답게 쉴 수 있는 구조로 손을 좀 봐야 했습니다. 방은 두 개면 되겠고, 대신 부엌을 좀 넓혀야겠다 싶었습니다.

"부엌 옆에 있는 작은 방 하나를 텄어요. 부엌을 확장하면서 그 공간을 다이닝 룸 겸 서재처럼 쓸 수 있으면 좋겠다 생각했거든요. 같이 밥도 먹고 차도 마시고 책도 보고, 손님도 맞을 수 있는 공간요. 방을 트면서 철거할 수 없는 기둥은 그대로 뒀어요. 오히려 기둥이 멋진 프레임이 돼줘서 부엌 공간을 더 운치있게 해주더라고요."

그러게요. 부술 수 없는 기둥은 오히려 부엌을 요리하는 무대처럼 보이게 하는 근사한 프레임이 돼주고 있습니다.

"공간을 확장할 때 무조건 다 터야 넓게 보이는 건 아니거든요. 구조에 따라 프레임을 만들어 주거나 가벽을 세우는 등 적당히 공간을 분할해 주면 공간에 재미를 주면서도 기능적으로 넓게 쓸 수 있어요. 부엌 구조를 바꾸려면 원래 싱크대와 조리대 위치에 있던 수도관과 가스관을 연장하는 수고를 해야 해요. 그러나 그 정도 수고만 들이면 부엌과 거실 구조가 전혀 달라지니까 작은 평형대 집을 고칠 때는 적극 권하는 편이에요."

인테리어 디자인이라는 게 일이 끝날 때까지 현장에서 살다시피 하는 지라 사실 전업주부들처럼 부엌 출입이 잦을 리는 없습니다. 그래도 그녀는 부엌에 욕심을 냈습니다.

"저처럼 일하는 여자들이 부엌에 더 욕심을 내더라고요. 리모델링을 의뢰하시는 분들을 보면 전업주부보다 맞벌이 주부나 싱글 남성들이 부엌에 더 관심이 많아요. 그분들에게 부엌은 매일 끼니를 준비하는 공간이라기보다는 늦은 퇴근 후 카페처럼 잠시 간단한 요기를 하며 휴식을 취하는 공간이기도 하고, 주말에 가족이 함께 모여 맛있는 음식을 해먹고, 담소도 나누고, 책도 읽고, 때때로 손님도 초대하는 사교적인 공간이거든요.

거실처럼 열린 공간이니까 자신의 취향을 적극 반영했으면 하시는 거죠. 저

짙은 블루 컬러 타일로 마감하고 블랙 컬러의 주방가구를
매치해 세련되고 젊은 분위기가 느껴진다.
주방 상판은 관리가 편한 인조 대리석을 사용했다.

1

2

3

4

도 마찬가지고요. 음식을 자주 해먹는 건 아니지만 부엌은 이제 거실과의 연장선에 놓고 봐요. 그래서 거실을 마주보는 대면형 부엌일 뿐만 아니라 ㄷ자형 구조로 만들어 다이닝 룸도 마주볼 수 있게 했어요.

부엌에서 오랜 시간 일하는 사람들의 로망이잖아요. 혼자 부엌데기처럼 고립되어 있는 게 아니라 거실에 있는 가족들을 바라보면서 음식 준비도 하고, 얘기도 하는 멋진 아일랜드를 갖는 것 말이에요. 넓은 평형대의 집이 아니더라도, 꼭 커다란 아일랜드가 아니더라도 거실과 마주볼 수 있는 부엌을 충분히 만들 수 있어요."

가족과, 손님과 요리하며 마주 보는 부엌

조각을 전공한 그녀는 우연찮게 친구가 이사하는 집 인테리어를 도와주면서 인테리어 디자이너의 길로 들어섰습니다. 원룸과 오피스텔 같은 작은 집을 시작으로 5년이 지난 지금은 꽤 많은 팬이 확보돼 다양한 인테리어를 시도하고 있습니다. 하지만 이번은 남의 집이 아니라 그녀의 집입니다. 해보고 싶은 것을 모두 실현해 볼 수 있는 내 공간이면서도 한번 정해지면 쉽게 바꾸기 어려운 작업인지라 신중하게 두고두고 편안하게 쓸 수 있는 공간을 만들어야 했습니다. 부엌 역시 마찬가지고요. 부엌 인테리어로 시도해 보고 싶은 수많은 디자인이 있고 수많은 자재가 있지만 그중 하나를 선택해야만 하는 거죠.

"부엌 기본 가구는 모두 블랙으로 하고 요리하는 상판은 흰색 인조 대리석으로 짜 넣었어요. 오래 작업해 보니 물을 많이 쓰는 주방은 아무래도 쓰기 편하고 관리하기 좋은 인조 대리석이 가장 알맞더라고요. 요즈음은 타일을 깔고 싶어 하는 분이 많은데 타일을 깔려면 타일 사이 줄눈을 회색이나 검은색으로 하시라고 해요. 음식물 색이 배거나 때가 끼면 곧 지저분해지거든요."

기둥을 중심으로 나누어지는 다이닝 룸과 부엌.
다이닝 룸은 본래 방이었던 공간을 튼 것이다.
벽 쪽으로 책장을 짜 넣어 책을 읽거나 일을 하고,
때로는 손님도 맞을 수 있도록 했다.
이처럼 부엌과 다이닝 룸이 마주 보이고,
부엌과 거실이 마주 보이는 소통하는 부엌이다.

도시적인 느낌의 그레이와 블랙 톤의 부엌을 따뜻하게 만드는 건 조명의 힘이 큽니다. 그녀는 집에 조명을 아낌없이 달아줍니다. 커다란 중앙 형광등 대신 공간 구석구석에 장식적 효과가 나면서도 따뜻한 조도를 내는 조명을 달아놓으면 필요에 따라 다양한 분위기를 낼 수 있으니까요. 다이닝 공간의 보조 할로겐등만 빼면 모두 삼파장을 쓰고 있어서 조명을 많이 쓰지만 전기세는 그다지 많이 나오지 않습니다. 조명 하나만 잘 써도 집 안이 더욱 편안하고 푸근하게 연출됩니다.

조명과 함께 부엌에 포인트를 이루는 것은 파티션입니다. 살림 늘어놓는 것을 싫어하는 그녀는 대면형 부엌을 만들되 부엌 살림도 적당히 가려주기로 했습니다. 가정집 부엌이지만 카페처럼 근사한 스타일이 느껴지는 것도 파티션을 만들어준 덕입니다. ㄷ자형 부엌에 세워진 파티션은 꼭 시멘트 벽돌을 쌓아 만든 것 같지만 실은 목공 작업으로 형태를 만든 후 시멘트 타일을 덧붙여 만들었습니다. 자칫 차가워 보일 수 있는 파티션의 상판은 나무를 덧대어 완성했고요.

"파티션은 부엌 뒤쪽의 흰 타일 붙이듯이 시멘트 모양의 타일로 작업했어요. 집 전체 컬러를 정할 때 무채색을 기본으로 했기 때문에 다른 가구와 집 전체 분위기에 가장 잘 어울리는 재료를 쓴 거예요."

파티션은 단지 부엌을 가려주는 기능뿐 아니라 그 자체로 멋진 벽의 기능을 하고 있습니다. 회색 톤의 파티션 앞에 그녀 남편의 작품들을 자연스럽게 늘어놓았습니다.

부엌 공간의 실세, 남편

이렇게 공들여 만든 부엌은 사실 이고운씨보다 그녀의 남편이 더 자주 사용하는 공간이고 좋아하는 장소입니다. 조각가인 남편은 친구들을 불러 음식을 차려놓고 술 한잔 하는 것을 좋아하기 때문에 자연스레 부엌도 그가 더 좋아하게 되었습니다. 남편의 요리에는 특별한 레시피가 없습니다. 미술을 전공한 사람이라 그런지 새로운 재료에 관심이 많고, 재료와 재료가 만나면 어떤 맛이 날지 상상해 가며 요리하는 것을 즐거워합니다.

그에게 요리는 놀이입니다. 서재에서 책을 읽다가 커피 한 잔을 에스프레소 기기에서 내려 마시기도 하고, 데킬라 한 잔을 만들어 마시기도 합니다. 친구들이 우르르 와도 별 걱정이 없습니다. 간단히 파스타를 만들고 고기를 굽고 자몽과 샐러드 채소를 적당히 썰어 커다란 접시에 담아내 각자 덜어먹게 하면 끝이니까요. 디자인이 멋지고 쓸모 있는 주방도구들은 주로 남편이 공수해 옵니다.

출장간 길에 남성적인 냄새가 물씬 나는 묵직한 중국식 네모난 칼에 반해 사들고 오기도 하고, 르크루제의 오렌지빛 주물냄비며 나무 손잡이와 스틸의 조화가 멋진 마늘다지기나 무광의 스틸 느낌이 좋은 국자 등도 그의 장바구니에 담겨온 것들입니다. 요즈음은 주물냄비에 김치찌개 끓여 먹는 재미에 한창 신이 났습니다. 푹 끓여야 더 맛있는 찌개류일수록 주물냄비가 빛을 발하니까요.

오늘도 자신을 위해 멋진 부엌을 만들어준, 한식을 좋아하는 아내를 위해 주물냄비에 끓인 김치찌개를 준비할 참입니다. 그거 하나면 밥 한 공기가 뚝딱이니까요.

tools *for* kitchens

1

2

3

4

5

6

7

8

9

주방의 실세, 남편의 애장품

1 남편의 장기인 샐러드에 화룡점정을 찍을 치즈를 갈아 넣는 치즈그레이터.
2,3 일상적으로 가장 자주 사용하는 조리도구들. 스틸로 된 조리도구를 특히 좋아한다.
4 손님이 왔을 때 술을 담아 먹기를 즐기는 도자기 술병. 5 큰 나무 접시에
샐러드를 가득 담아내면 손님 초대 식탁이 풍성해진다. 6 뭉툭하고
남성적인 모양에 반해 구입한 중국식 칼. 7 마늘 다지기는 멋진 디자인만큼
유용하게 자주 쓰는 도구다. 8 역시.모양에 반해 사온 밀대.
그러나 유일하게 아직 한 번도 사용한 적이 없다. 9 부부를 위한, 또 손님을 위한
파스타를 무수히 삶아 건져낸 집게.

부엌 레이아웃 바꾸기

보통 부엌가구를 바꿀 생각은 하지만 부엌의 레이아웃을 달리할 생각은 엄두를 못 내죠. 생각처럼 어려운 일은 아니에요. 개수대와 가스레인지의 위치를 어디에 두느냐에 따라 주방의 레이아웃이 달라져요. 수도와 배수구가 원래 있던 위치에서 멀어질수록 공사 비용도 증가하겠죠. 게다가 가스레인지의 위치를 변경할 경우 후드의 위치까지 바꾸어야 하므로 작은 평형대의 집이라면, 가스레인지는 그대로 두고 개수대의 위치를 옮기거나 조리대를 확장해 대면형으로 만드는 것이 좋아요.

가벽을 세우는 파티션형 주방

개수대나 조리대를 거실과 마주 보게 하면서 부엌의 지저분한 것들이 보이지 않도록 파티션 역할을 하는 단을 만들 수 있어요. 조리대가 항상 깨끗하게 정리돼 있는 건 아니잖아요. 그리고 조리할 때 이것저것 늘어 놓은 모습도 산만해 보일 수 있고요. 파티션의 높이를 개수대보다 최소 10cm 이상 높여 만들면 돼요. 답답해 보이지 않게 유리문이나 창살문을 달아도 좋고요.

좁은 평형대에 알맞은 ㄴ자, ㄷ자형 주방

가스레인지와 싱크대 위치는 그대로 두고, 대개의 일자형 구조 주방을 ㄴ자형 또는 ㄷ자형으로 확장하는 방법이 있어요. 싱크대와 같은 높이로 조리대를 제작해 상판을 연결해 주는 방법이죠.

사진제공: 옐로블루스틱디자인 070-7709-3542

핸드 메이드 부엌

handmade

부엌이 따뜻해지면 식구들 마음도 덩달아 그렇겠지요.
때로 완벽하지 않아도 손수 만든
작은 컵받침 하나가, 버리지 못하고 모아둔
어머니의 그릇들이, 궁여지책으로 만든 나만의 수납장이
부엌에 온기를 더해주기도 합니다.

…부엌에 온기를 더하는 것은 이야기가 담긴 소품들입니다.
부엌 창가에는 일본 여행에서 사온
디자인이 독특한 컵이며 흔히 구할 수 없는 티포트,
그리고 어머니에게 물려받은 유기그릇이 놓여 있습니다…

_김유림의 부엌

손맛 나는 핸드메이드 부엌

맘스웨이팅 스타일리스트: 김유림

"와아~."

이곳에 들어선 사람이라면 누구나 햇볕이 가득한 크고 시원스러운 부엌을 보고 외마디 감탄사를 쏟아냅니다. 손바닥만 한 작은 창문이 전부인 좁은 아파트 부엌에서 복닥복닥거리며 주방일과 씨름하는 주부들이라면 '부러우면 지는 거다'라는 주문을 암만 속으로 외쳐 봐도 부러울 수밖에 없습니다.

스타일리스트 김유림씨의 부엌은 커다란 통창을 배경으로 널찍한 아일랜드와 조리대가 11자형으로 나란히 놓여 있습니다. 부엌은 한바탕 요리를 시작해도 좋을 멋진 무대처럼 펼쳐져 있습니다. 노출 콘크리트 벽에 상부장을 달지 않고 긴 하부장만 단 조리대를 놓았고, 무엇을 올려두고 조리해도 오염이나 위생에 신경쓸 일 없는 스테인리스 상판의 아일랜드를 짜맞췄습니다. 널찍하게 짠 아일랜드의 절반은 수납공간을 만들어 넣고 나무 패널을 상판으로 사용했습니다. 따뜻한 나무 질감이 살아 테이블로 쓰기에 손색이 없지요. 두 가지 상판의 널찍한 아일랜드는 케이터링을 준비할 때 아주 유용할 뿐만 아니라 클래스를 열 때도 쓰임새가 많습니다.

자주 쓰는 커트러리와 주방 도구들은 선반 아래에 걸어두었습니다. 그냥 대

널찍한 아일랜드는 상판을 스테인리스와 나무를 절반씩 짜 맞추어 활용도가 높다. 뒤쪽 스테인리스 상판에선
오염 걱정 없이 요리를 하고, 앞쪽 나무 상판은 테이블처럼 사용한다.

중간중간 평범한 S자 고리에 색깔 있는 실을 감아 정겨운 멋을 더했다.

충 걸어둔 것 같지만 스틸 소재의 주방 도구들 사이사이 노랑과 파랑의 원색 조리도구를 끼워넣어서 포인트를 주는 섬세함을 볼 수 있습니다.

세련된 공간, 이야기가 담긴 소품

부엌은 전체적으로 시원하게 노출시킨 구조지만 산만해 보이지 않습니다. 커다란 패널로 아일랜드 옆에 파티션을 만들어 그 뒤에 냉장고나 세탁기 등 덩치 큰 가전제품을 숨기고 수납공간을 따로 둔 까닭입니다.

노출 콘크리트의 부엌이 세련됐지만 자칫 차가워 보일 수 있는 점을 고려해 으레 하기 마련인 에폭시 코팅 처리를 약하게 했습니다. 그리고 싱크대 하부장에 묽은 페인트를 엷게 발라 마감해서 손맛을 살렸습니다. 사용하면 할수록 점점 색이 바래 시간의 흐름을 느끼도록 수성페인트를 이용해 기존의 평범한 부엌 가구에 손맛을 더한 것입니다.

또한 부엌에 온기를 더하는 것은 이야기가 담긴 소품들입니다. 부엌 창가에는 김유림씨가 좋아하는 주방 소품들을 옹기종기 올려두었습니다. 일본 여행에서 사온 디자인이 독특한 컵이며 흔히 구할 수 없는 티포트, 그리고 사각 나무 도마 위에는 할머니와 어머니에게 물려받은 유기 그릇들이 놓여 있습니다.

"엄마가 세월이 묻어나는 고가구나 그릇 같은 것을 좋아하셨어요. 그릇이나 소품들을 하나둘 사 모으셨는데 형제들 중에 제가 제일 관심이 많아서 자연스럽게 물려받게 됐어요. 아마 엄마가 즐겨 해주시던 음식을 먹고, 엄마가 알뜰살뜰 모으시던 소품들을 보면서 저도 모르게 부엌 살림에 관심이 생기게 됐는지도 모르죠."

엄마의 물건들은 눈 갈 때마다, 잠시 쉴 때마다 한 번씩 들여다 보고 만지작거리면 마음이 편해지고 기분이 좋아집니다.

교통사고 후 재활치료 중에 만난 푸드 스타일링

부엌의 안주인은 맘스웨이팅의 김유림씨입니다. 푸드·리빙 스타일링과 관련된 화보 촬영을 하거나 요리와 스타일링을 가르치는 개인 클래스를 열기도 합니다. 워낙에 손재주가 많아서 그 외에도 가구 리폼이나 패브릭 스타일링 등 자꾸 일의 영역이 넓어지고 있습니다.

"대학에서 섬유공예를 전공했어요. 섬유디자인이죠. 졸업하고 결혼 후 아이를 키우며 평범한 주부로 10여 년을 지냈어요. 그러다 서른넷 즈음 스타일링을 배우게 됐어요. 일을 하려던 것은 아니었고, 그때 교통사고를 당하고 7개월 정도 재활치료를 받고 있었거든요. 일주일에 세 번씩 우울해지더라고요. 그래서 일주일에 한 번씩 뭔가 즐거운 일을 배워 보자 해서 요리와 스타일링을 배우기 시작한 거죠. 하다 보니 재밌더라고요.

재밌으니까 열심히 하게 되고, 선생님 어시스트를 하면서 방송·CF 촬영을 도왔죠. 그게 정말 힘든 일인데, 재밌으니까 그때는 힘든 것도 잘 몰랐나 봐요. 집에서는 너무 고생하니까 하지 말라고들 했어요. 그러니까 오기가 발동하더라고요. 주부로 있다가 나가서 일하는 거 자체가 즐거웠으니까요. 소품 시장 다니고, 어떻게 하면 더 멋지게 세팅할 수 있을까 고민하고…. 그렇게 일하다가 2006년에 작업실을 오픈했어요. 작업실을 열고 처음 맡게 된 일이 패션 잡지의 푸드 스타일링이었는데, 그게 보통은 음식만 스타일링하는 것과는 달리 보석과 매칭

직접 만든 컵받침. 그녀의 바느질은 틀에
박혀 있지 않고 느낌이 가는 대로, 영감이 떠오르는 대로 완성된다.

부엌 옆 그녀의 바느질 작업실. 음식하는 것만큼이나 손맛을 느낄 수 있어 바느질이 행복하다.

소품들로 장식돼 있는 옛날식 진공관 전축은 서울 황학동에서 건진 물건.

1

2

3

4

해서 스타일링을 하는 컨셉트였어요. 필요한 소품을 협찬받을 수도 있었지만 이 것저것 제 손으로 제작해 보고 싶더라고요. 그래서 매트도 만들고 다른 소품도 직접 만들다 보니 손맛이 나는 스타일링이 되더라고요. 그게 아마 제 트레이드마크처럼 돼버린 것 같아요. 어떤 스타일링에도 손맛을 담는 것."

수도 없이 많은 스타일리스트가 일을 시작하던 시기였지만, 그녀는 자신만의 존재감을 그렇게 알리게 되었습니다. 부엌 공간 맞은편에는 후두둑후두둑 그녀가 손 빠르게 바늘과 실을 누벼 소품을 만드는 바느질 작업실이 있습니다. 색색의 리본과 천, 종이 같은 날것의 재료들은 그녀의 상상력으로 태어날 순간들을 기다리고 있습니다.

"케이터링이나 손님 접대가 있는 날에 개인 트레이가 필요한 때가 있어요. 개인 트레이에 간단한 핑거푸드를 담아내면 더 대접받는 느낌이 들거든요. 그렇다고 손님 수에 맞춰 다 구입할 수는 없고 해서 골판지를 덧붙여 네모난 트레이를 만들고 운반하거나 잡기 쉽게 원형 구멍을 뚫고 손글씨로 메시지를 써넣어요. 그리고 비닐로 커버를 씌우면 꽤 멋스러운 트레이가 완성되지요. 그런 식으로 그 때그때 필요에 따라 가지고 있는 재료들을 어떻게 활용할지 생각해요. 그게 천이든 리본이든 단추든, 어떤 소품이든 제 머릿속에서 구상해서 만들어내는 과정이 즐겁죠."

그렇습니다. 즐겁지 않으면 일일이 손으로 만드는 작업을 군소리 없이 해내기란 어렵습니다. 누가 시켜 하는 일이라면 더더욱 못할 노릇이고요.

누가 시키지 않아도 밤새우는 줄 모르고 하게 되는 일, 그게 진심으로 좋아하는 일이 아닐까 싶습니다. 그녀는 손으로 무언가를 만들어 내는 모든 일을 좋아합니다. 그중에서도 부엌에서 반죽하고 무언가 모락모락 구워내고 그걸 또 곱게 포장해 선물하는 일을 특별히 더 좋아합니다.

벽면에 원하는 모양대로 벽돌을 쌓아 고정시키고 페인트를 칠했다. 벽장식 효과는 물론이고 훌륭한
선반 역할을 한다. 특별히 돈 주고 산 장식품은 없다.
마시고 난 음료수병. 소박한 그림과 선물 봉투가 나란히 놓여 있다.

소박한 학교 의자에 방석을 깔거나 패브릭을 덧입혀 놓기만 했을 뿐인데 고가의 디자이너 의자 부럽지 않다.

우울하거나 스트레스받는 일이 있을 때 나에게 베이킹은 일종의 치유 과정이다.
그 어떤 명상보다도 짧은 시간에 쉽게 마음을 치유할 수 있는 방법이기 때문이다.
손으로 조물조물 반죽을 만지는 동안 머릿속에
가득 찼던 복잡한 생각들은 날아가고 하얗게 백지 상태가 된다.
케이크나 파이를 장식하는 창조적인 과정은 묘한 성취감을 느끼게 하고,
오븐 안에서 디저트가 구워지는 동안 집 안 가득 채워지는
달콤한 향기는 지친 마음을 따뜻하게 어루만져 준다. 오븐에서 꺼낸 디저트를
한 입 베어 먹는 순간 입 안에 퍼지는 달콤한 기운이 평화를 가져다 준다.

−49쪽, 〈나의 달콤한 상자〉中. 정재은

1,2 그녀의 베이킹 시간을 즐겁게 해주는
도구들. 3 꽃자수를 수놓은 하얀 천을 수틀에
넣어 걸어두면 멋진 오브제가 된다.
4 골판지를 잘라 손글씨로 포인트를 주어
개인용 트레이를 만들었다. 5 할머니와
어머니에게 물려받은 유기 국그릇과 밥그릇.

지친 마음을 치유해 주는 마술, 요리

조물조물 반죽하는 동안 머릿속에 과부하가 걸린 생각들이 날아가고, 요리가 완성될 때 성취감이 느껴지고, 내가 만든 요리가 누군가에게 위로가 되는 일은 지친 마음에 회복을 가져옵니다. 그러므로 누군가에게는 요리를 하는 부엌은 치유의 공간이기도 합니다.

부엌 수납장 서랍 칸칸이 가득한 제과제빵 도구들은 그녀가 요리를 배우기 시작할 때부터 하나씩 사모은 소중한 보물들입니다. 마치 남자아이들이 총이나 로봇을 자신의 비밀 상자에 모아두듯이, 여자아이들이 예쁜 인형과 보석을 꼭꼭 숨겨두듯이 부엌 한쪽 서랍장에는 그녀를 위로해 줄 베이킹 도구들이 가득합니다. 어떤 요리보다도 베이킹은 정확해서 좋고, 만들어서 손쉽게 나눠먹을 수 있어서 좋고, 예뻐서 좋습니다. 거기에 근사하게 포장까지 해놓으면 이보다 더 특별한 선물이 없으니 그도 좋습니다.

그녀는 오늘도 누군가에게 전해줄 쿠키를 반죽합니다. 아무리 머릿속이 과부하가 걸린 날에도 이렇게 반죽을 하고 오븐에 쿠키를 굽고 불 위에서 잼을 졸이고 있노라면 스르르 마음의 무거운 추가 하나둘 내려놓아지니까요.

손맛 나는 음식 선물, 베리잼을 넣은 미니 스콘

"저는 스콘을 구울 때 작게 구워요. 보통 판매되는 스콘보다 작은 형태로 해서 넓적하게 만들어요. 스콘을 반으로 갈라 그 안에 설탕과 베리를 넣고 졸여 만든 베리잼을 바르거나 생크림을 샌드하면 시각적으로도 화려해 보이고 맛도 풍성해지거든요.
스콘을 선물할 때는 누런 색감의 크래프트 봉투를 사용하기도 하지만 조금 더 멋을 내고 싶을 때면 면이나 광목을 후두둑 주머니 모양으로 박아 선물용 주머니를 만들어요. 속이 보이도록 작은 구멍을 하나 내고 바느질로 살짝 모양을 내요. 그리고 쿠키 비닐 안에 스콘을 가득 넣어 주머니에 넣고 묶거나 나무 집게로 집으면 손맛 나는 음식 선물이 돼요. 받는 사람이 다시 포장 용기를 재사용할 수 있으니 친환경적이어서 좋고요."

나만의 프랑스식 부엌

프렌치 레스토랑 오너 셰프: 김수미

오래된 복도식 아파트를 고쳤습니다. 오너 셰프인 김수미씨는 서울 삼청동에서 레스토랑 '아 따블르'와 '아 따블르 비스'의 인테리어 공사를 직접 진두지휘해 완성하기도 했지요. 그간의 쌓인 노하우로 그녀는 말 잘 통하는 인테리어 시공업자와 뚝딱 아파트를 손보기 시작했습니다.

문제는 부엌입니다. 오래된 복도식 아파트의 부엌은 창 한쪽 없는 벽을 향해 들어서 있고, 그저 주부 혼자 들어가 복닥거릴 정도로 답답한 공간이었으니까요. 뒷베란다도 없고 세탁실 겸 작은 수납 창고 하나가 있을 뿐이었습니다. 하지만 그녀는 이 집을 처음 봤을 때, 부엌이 문제라는 생각은 하지 않았습니다.

"오히려 일반적인 부엌보다 더 개성있는 부엌이 나올 것 같아서 마음에 들었어요. 뭔가 빈티지한 느낌이 있다고나 할까? 좁은 복도 같은 느낌은 옛날식 집에서 흔히 볼 수 있기도 하고요. 잘 고치면 프랑스의 옛날 집 부엌 같은 모습이 조금은 나오겠다 싶었어요. 프랑스에 있을 때부터 작은 부엌에 익숙해져 있어서 크기를 키워야겠다는 생각도 안 했고요."

그래서 첫째로 가늘고 긴 공간의 특성을 살리는 것, 일하기에 편리한 것, 그리고 거실과 부엌을 분리된 느낌으로 연출하는 것, 그것이 그녀가 생각한 부엌

의 큰 틀이었습니다. 요즘 부엌들은 아일랜드를 중심으로 거실과 부엌을 하나의 공간처럼 트고 있지만 그녀는 음식 냄새며 소리가 거실까지 침범하는 것을 원치 않았습니다. 대신 고립된 느낌이 들지 않도록 유리창을 달아 부엌에서도 거실이 보이고, 거실에서도 부엌이 보이는 구조를 만들었습니다. 이 유리창은 프랑스의 아틀리에 같은 느낌을 내주기도 한다는군요. 부엌 옆으로는 커다란 식탁과 책장이 있어 책 읽기 좋아하는 가족들은 항상 이 공간에 모여앉습니다. 그러다 출출하면 바로 옆 부엌에 들어가 누군가 간단한 요깃거리를 준비해 나오죠.

부엌 살림 줄여 상부장을 없애다

처음에는 더 밝은 블루 컬러를 원했지만, 칠하다 보니 차분하게 가라앉는 블루가 질리지 않을 것 같아 선택했다는데 더 나은 결과물을 냈습니다. 집주인이 생각했던 모습대로 시공되기를 원한다면 디자이너나 시공업자와 공사 기간 내내 긴밀한 대화가 필요하다고 말합니다.

"리노베이션을 할 때, 디자인 단계에서 충분히 상의하는 것도 중요하지만 시공할 때도 계속 자신이 원하는 느낌인지 확인할 필요가 있어요. 특히 페인트칠은 색감의 미묘한 차이에 따라 분위기가 확 달라지기 때문에 실제 색감이 어떻게 나타나는지 현장에서 확인해 보는 게 중요하죠."

전체적으로 블루 톤인 부엌가구에 깨끗한 느낌을 더하기 위해 벽에는 흰색 타일을 붙였습니다.

"기름때가 생기기 쉬운 곳이니 흰색 타일이 가장 청결하고 관리하기 쉽지요. 또한 흰색 타일은 이 부엌이 프렌치한 부엌으로 느껴지는 가장 큰 이유가 아닐까 해요. 타일 사이즈의 선택이 중요한데, 가로·세로 10cm의 정사각형 타일은 프랑스의 부엌에서 곧잘 사용하는 것이죠. 국내에서는 잘 시공하지 않는 사이즈라

부엌과 거실의 경계에 유리창을 설치해
공간을 구분하면서도 고립된 느낌이 들지 않도록 했다.

프랑스 유학생활 동안 하나둘씩 사 모은 그릇과 소품들. 매년 프랑스에 갈 때마다 빼먹지 않고
들르는 주방 소품 거리에서 구입한 물건들이 그녀의 부엌에 빼곡하다.

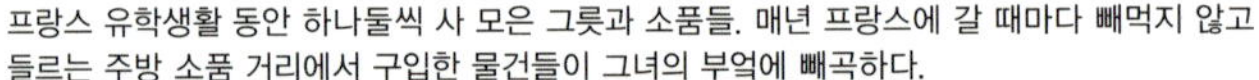

싱크대 위를 밝히는 팬던트등 또한 그녀가 직접 고른 것이다.

고 하더라고요. 손이 더 많이 가고, 붙이는 데도 시간이 많이 걸려서요."

부엌 바닥에는 너무 단조롭지 않게 검정과 흰색의 타일을 교차시켜 깔았습니다. 작은 부엌이지만 상부장을 달지 않아 시원하고 환해 보입니다. 그런데 수납은 다 어떻게 하는 걸까요? 짱짱한 수납장이 있어야 각종 부엌 살림살이를 숨겨둘 수 있는데 말입니다.

하지만 생각해 보면 사실 매일 쓰는 부엌 살림살이라봐야 그렇게 많지 않습니다. 대식구가 아닌 이상 기껏해야 3~5인 가족이 살면서 매일 쓰는 것보다는 버리지 못하고 있는 것이 더 많으니까요. 특히 부엌 상부장은 손도 잘 닿지 않아 거의 쓰지 않는 물건들을 넣어두기 마련입니다. 한번씩 대청소할 때나 이사할 때, '어, 이게 여기 있었네?' 하는 발견의 놀라움을 주는 공간 정도. 그래서 그녀는 상부장을 없앴습니다. 상부장을 없애니 작은 부엌의 답답함이 어느 정도 해소됐습니다. 최대한 살림살이를 줄이고, 하부장 안에 알뜰하게 정리를 하고, 다 정리하지 못한 것들은 부엌 옆 세탁실에 양쪽으로 선반을 달아 한눈에 보이게 수납을 했지요.

"하부장은 가끔씩 사용하는 무거운 그릇, 아이가 쉽게 꺼내먹을 수 있는 간식과 남편이 좋아하는 차를 주로 수납하고요, 양념은 세탁실 선반에 뒀는데 불을 많이 사용하는 부엌 안보다는 보관상 변질이 적어서예요. 눈높이에서 보이게

1

2

3

4

했기 때문에 어떤 양념이 부족한지 바로 보이기도 하고요. 요리하다가 당연히 있어야 할 양념이 없으면 당황하잖아요."

세탁실에는 문짝을 다는 대신 부엌과 비슷한 계열의 푸른 커튼을 달아 가리개 역할을 했습니다. 자주 들락거리는 곳이니까 일할 때는 커튼을 열어두고 쓰지 않을 때는 살포시 가려두면 되니까 문보다 훨씬 실용적입니다.

"이 커튼은 거의 열어두고 사용해요. 복도식 아파트가 보통 그렇듯이 세탁기 위쪽의 창이 부엌을 통틀어 유일한 창문인데, 일 년 내내 조금 열어두고 사용하거든요. 후드의 능력이 중요한 부엌이긴 하나 이 창문이 자연 환기를 해주는 것도 적지 않은 도움이 돼요."

냉장고는 작을수록 좋은 것

그런데 이 부엌의 냉장고는 어디 있을까요? 좁은 부엌의 가장 큰 골칫덩어리는 요즘 대세인 양문형 냉장고입니다. 부엌 어디서나 가장 큰 덩치를 자랑하며 우뚝 들어서 있거나 심하게 돌출되어 있기 마련인 냉장고가 이 부엌에선 보이지 않습니다.

"냉장고는 싱크대 가구와 함께 빌트인으로 제작했어요. 우리나라 제품보다 작게 나오는 스메그smeg 제품이에요. 오븐도 같은 회사 것이고요. 한꺼번에 사서 비용을 조금은 절감했어요. 작은 냉장고를 넣었는데 냉장고 안에 음식 오래 넣어두어서 좋을 것 없잖아요. 냉장고가 작으면 재료를 사다가 하염없이 쟁여두는 일은 없어요. 그때그때 먹을 것을 사다가 자주자주 정리해 줘야 하죠. 작다 보니 뭐가 들어 있는지 파악되고, 그러다 보면 못 먹고 방치해 두었다가 버리는 재료

1 와인 박스를 수납 서랍으로 활용했다.
2 상부장을 없앤 부엌 벽면에 메탈 소재의 후드가
인테리어 포인트가 돼주고 있다. 3 부엌 옆 세탁실에는
문 대신 블루 톤의 체크무늬 커튼을 달았다.
4 조리대 위에 되도록 물건을 늘어놓지 않지만,
시리얼통이나 주서기같이 매일 쓰는 도구들은 올려놓고 쓴다.

들이 적어요. 식구들이 오래 놔두는 반찬을 안 좋아해요. 장아찌나 절임반찬 같은 것이 없어요. 김치도 없을 때가 많고요. 직업의 특성상 시장을 자주 보기 때문에 항상 신선한 재료로 음식을 하려고 해요. 물론 식구들 식사시간이 잘 맞지 않아서 실천은 잘 안 되지만요. 그래서 일요일은 항상 냉장고 정리용 음식을 합니다. 그러면서 완전히 냉장고를 비우죠."

딱 필요한 것만 넣어두는 냉장고. 그래서 클 필요가 없습니다. 대형마트가 생기고, 한번 장을 보면 카트가 넘치도록 장을 봐서 그득그득 쟁여두는 게 어느덧 보통의 살림법이 되어버렸지만, 사실 커다란 냉장고 안쪽 어디에 무엇이 들어 있었는지는 냉장고를 한번 뒤집어 청소할 때나 발견하게 됩니다. 엥겔계수가 치솟는 이유 중의 하나가 식탐이 점점 강해져서가 아니라 이렇게 먹지도 않고 버리는 식재료들이 한몫하지 않나, 냉장고 정리할 때마다 드는 생각이니까요.

"제 노하우 중의 하나는 '필요한 만큼만 산다' 입니다. 가장 경계해야 하는 것은 1+1 행사입니다. 필요도 없는데 싸니까 사는 것은 안 돼요. 사은품도 필요한 것이 아니면 받아오지 않아요. 메모해서 장 보는 것도 중요하고요."

그녀의 수납이 잘된 작은 부엌은 오히려 크기만 하고 물건들로 가득 찬 부엌보다 간결하고 아름답습니다. 다 쓰지 않을 냄비와 팬이 사실 부엌에는 너무나 많습니다. '어? 저거 정말 쓸모있겠는걸' 하면서 홈쇼핑을 보며 탐심이 발동했던 것이죠. 케이크를 굽지도 않으면서 베이킹 도구를 몽땅 사놓고 보고, 초콜릿이나 과자를 만들겠노라면서 기구부터 장만하는 물욕이 많은 부류의 사람들일수록 부엌이 작다고 투덜댑니다. 전문가용 칼 세트를 장만하고, 풀 세트 통 3중 스테인리스 냄비세트를 장만하고, 팬을 사이즈별로 구입한 뒤 부엌이 너무 작다고 짜증을 내죠. 딱 필요한 물건들만 수납해 둔 그녀의 부엌은 작은 데도 작다는 생각이 들지 않습니다. 이 작은 부엌에서도 그녀의 식탁은 풍성하게 차려지니까요.

1

2

1 프랑스 요리를 하는 사람답게 거실 한쪽에 와인냉장고를 두고
있다. 와인냉장고에 좋은 와인이 가득 차 있을 때
그녀는 행복하다. 특별한 날 좋은 와인 한 병이면 기분을 한껏
내는데 충분하니까. 2 냉장고는 작아야 한다는 것이 그녀의 지론.
뭐가 들었는지 한눈에 파악되기 때문이다.

먼저 나이프로 타르틴에 버터를 바른다.
그런 다음, 잼 항아리에 스푼을 넣어 끈적끈적 맛있는 잼을
버터 바른 빵 위에 한 덩어리 떨어뜨린다…
일요일에는 누군가가 일찍 일어나 브리오슈나 크루아상 같은 신선한 아침거리를
사러 불랑제리에 간다. 바게트를 먹는 경우에도 갓 구운 것을
사오기 때문에 대개 일요일에는…
빵집 오븐에서 가져온 따뜻한 상태 그대로 식탁에 올린다.

−36쪽, 〈오늘의 행복한 레시피〉中, 로베르 아르보

1

2

3   4

1,3,4 그녀의 레스토랑에서 직접 구워 온 빵 한 덩이에 질 좋은
버터, 직접 만든 홈메이드 캐러멜잼과 살구잼, 갓 짠 주스,
그리고 모카포트로 내린 커피 한잔이면 이보다 만족스러운
브런치는 없다. 2 프랑스에 있을 때 찾아다니면서
먹었던 음식, 맛있는 레스토랑들을 노트에 스크랩해 두었다.

갓 구운 빵과 홈메이드 잼으로 차린 주말 브런치

프랑스 요리사 로베르 아르보가 묘사한 프랑스식 아침식사가 그녀의 식탁에서는 그대로 재현되고 있을 것만 같았습니다. 질 좋은 버터와 직접 만든 과일 잼을 갓 구운 빵에 발라 먹는 아침, 커다란 카페오레 잔에 커피를 가득 따라 붓고 가족들이 식탁에 둘러앉아 느긋하게 프랑스식 아침을 즐기는 풍경.

책에 나온 대목과 다른 점이라면 신선한 빵을 사러 아침부터 빵집으로 가는 부분 정도가 생략되어 있다는 것이겠죠. 왜냐하면 그녀는 직접 빵을 굽기 때문입니다. 직접 구운 빵에 직접 만든 카모마일향 나는 살구잼과 캐러멜잼을 놓고 버터와 모카포트로 내린 커피, 그리고 요즘 폭 빠져 있다는 주서기로 짠 주스. 당근, 배, 토마토, 참외를 넣고 갈아 주스를 만듭니다. 썩 기능 좋은 주서기 하나를 장만하고 나니 아침마다 주스 만들어 먹는 게 손쉬워지고 즐거워졌답니다. 똑똑한 도구의 힘에 감탄하면서 말입니다. 뭐 이 정도만 차려놓아도 가족이 모처럼 느긋하게 함께 먹는 아침을 여유롭게 즐길 수 있습니다.

"열량은 좀 높아도 맛있는 빵에는 질 좋은 버터와 잼이 있어줘야죠. 그래도 홈메이드 잼은 과일 함량이 많아 시판되는 잼보다는 열량이 낮아요. 거의 과일을 졸인 거라고 생각하면 돼요. 캐러멜잼은 두껍고 열전도율 높은 냄비에 설탕을 녹여 만들어요. 설탕과 물은 4:1 비율 정도. 소금을 약간만 넣으면 설탕을 덜 넣어도 단맛이 나요. 약한 불에서 천천히 녹이는데 이때 젓지 않아야 해요. 갈색으로 변하면 생크림을 붓고 순간적으로 뭉쳐도 개의치 말고 저어요. 설탕과 물, 생크림의 비율은 4:1:16 정도로 보면 돼요. 캐러멜잼은 언제든 만들어 자주 먹어요. 여기에 계절마다 나는 과일을 이용해 또 잼을 만들어요. 살구가 나오는 계절은 잠깐이니까 그때는 살구로 잼을 만들죠. 가을에는 무화과로 만들고요."

풍미 좋은 버터와 너무 달지 않은 홈메이드 잼이 자꾸자꾸 빵에 손이 가게 합니다. 열량은 조금 높지만 일주일에 한두 번 갖는 기분 좋은 식사라면 그 정도 열량은 용서해야 되지 않을까 싶습니다. 남편의 프랑스 유학시절, 요리에 깊은 관심을 갖게 된 김수미씨는 프랑스에서 요리학교를 다녔습니다. 온통 음식을 먹고 마시고 즐기는 미식가의 제국에서 그녀는 몇 년의 시간을 요리에 빠져서 흡족하게 누렸지요.

"요리에 대한 관심은 초등학교 때부터인 것 같아요. 막연한 꿈도 그때부터 꿨겠죠. 미식가인 아버지와 대단한 음식 솜씨와 멋을 아는 어머니의 영향이 컸을 거고요. 미국행이 될 뻔한 요리 유학이 남편을 만나 프랑스행으로 바뀐 건 결과적으로 큰 행운이었어요. 프랑스어를 알고 프랑스 문화를 느끼면서 프랑스 요리를 하는 건 아주 큰 장점인 것 같아요. 유학 시절은 요리에 대한 체계적인 공부와 경험을 하는 동시에 직업인으로서의 요리사가 얼마나 고되고 힘든 일인지를 절실하게 깨닫는 기회가 됐어요. 하루 종일 서있어야 하는 체력과, 반복되는 단순 노동들 사이에서 발휘되어야 하는 창의력, 끊임없는 호기심이 필요한 일이에요. 신경을 곤두세워야 하는 고도의 집중력도 필요하고요. 너무 힘들죠.

그래서 한국에 돌아와선 바로 직업적 셰프로 일하지 않았어요. 프랑스요리 연구가로 기고를 하고, 스튜디오를 운영하고, 대학에서 아이들을 가르치는 등의 일을 했죠. 셰프가 되는 걸 계속 피해다닌 거죠. 아이가 너무 어렸던 이유도 있고요. 하지만 결국 내 자리는 주방인 것 같았어요. 뼛속까지 주방 사람이라고 생각해요. 전 요즘 오너 셰프들처럼 홀에 나와서 손님들과 인사하고 친분을 쌓고 그렇게 잘 못해요. 주방에서 한 접시 한 접시 나가는 것 만들다 보면 홀에 나갈 시간이 없어요. 손님들은 이 집의 오너 셰프가 누구인지 얼굴 한번 보지 못하지만, 전 부엌의 커튼 뒤에서 다 체크해요. 어디 손님은 누구랑 왔고 어떤 와인을 좋아하고…. 이런 생활이 난 더 재미있어요."

다양한 국적의 음식으로 채워지는, 나의 집밥

이름도 생소한 식재료들과 섬세한 조리법으로 날마다 요리하는 게 직업인 여자의 부엌이라면 뭐 좀 심상치 않겠지 하는 막연한 기대감이 있습니다.

"다른 집보다는 아무래도 양식을 먹는 경우가 많아요. 아이에게 다양한 나라의 음식을 먹이는 것을 중요하게 생각하죠. 가급적 외식도 나라별로 골고루 합니다. 아마 우리 식구들에게 김치찌개, 된장찌개를 굳이 안 해먹이면 일 년 내내 안 찾을지도 몰라요. 하지만 한식을 많이 해주려고 노력하는 편이에요. 건강한 음식이니까. 다양한 요리를 하지만 어느 나라 요리를 하든지 조리기구는 기본적인 것만 있으면 충분해요. 프로 요리사로서 장점이 있다면, 일반 주부들에 비해 요리를 정말 빨리 한다는 거죠. 매일매일 수십 명의 음식을 하는 사람이 3명 먹을 것 준비하는데 당연한 일이겠지만요."

집에서도 나라별로 다양한 음식을 해먹지만 부엌에는 여느 집과 비슷한 가장 기본적인 조리도구들만이 있습니다. 그녀는 가볍고 쓰기 편하고 합리적인 가격의 팬과 냄비를 쓰고 버립니다. 고가의 특별한 조리도구를 갖춰놓고 애지중지하는 일도 없고, 그런 까닭에 큰 수납장도, 각종 식재료를 쌓아둘 커다란 냉장고도 필요 없는 것입니다.

하지만 대를 물려도 될 것 같은 것은 고가의 제품을 구입하기도 합니다. 그녀가 좋아하는 스타우브 staub 주물냄비나 티포트, 빈티지 그릇들은 모두 시간을 이어가며 오래오래 쓰고 싶은 물건들이니까요.

그 사람이 사는 공간은 그 사람을 말해준다고 했던가요. 간결하고 군더더기 없는 부엌에서 그녀가 보이는 듯합니다.

tools *for* kitchens

그녀가 좋아하는 부엌 살림

오래오래 두고 써도 질리지 않는 주방 도구들은 부엌 속 그녀의
작은 친구들이다. 이처럼 좋은 물건들을 보면 그녀는 생선가게 앞을
그냥 못 지나치는 고양이가 된다.
1 1인용 잼이나 버터를 담는 냄비 모양의 버터그릇.
2, 3 후추통, 계량스푼 등 틈틈이 구입한 마음에 쏙 드는 주방용품들.
4 삶은 달걀을 건져 식히는 에그 스탠드. 5,6 스타우브 주물냄비와 티포트.
그녀는 르크루제보다 스타우브 주물냄비를 더 좋아하고 애용한다.

오랜 시간을 같이한 빈티지 그릇과 소품

김수미씨의 부엌 입구에는 거친 느낌의 빈티지 철제 장이 놓여 있습니다. 다른 자질구레한 가구와 소품들이 없어서 빈티지 그릇장 하나가 더욱 존재감을 발합니다. 안에는 시간이 지날수록 더 정이 가는 물건들을 진열해 두었습니다. 프랑스에 갈 때마다 벼룩시장에서 구입한 작은 앤티크 소품들도 전시해 두고 여행을 추억하기도 합니다. 나와 함께 오랫동안 시간을 같이한 것들을 곁에 두면 마음에 위로가 되기도 하니까요.

주방 소품은 물론 식탁 의자나 수납장 등으로 집 안에 포인트를 주고 싶을 때 즐겨 찾는 곳은 빈티지 숍입니다. 이태원보다는 계동과 원서동에 있는 빈티지 숍을 자주 드나듭니다. 계동 골목에 있는 '빈티지타임즈' 같은 곳요. 빈티지 제품은 가격이 정해져 있는 게 아니다 보니 자주 들러 안목을 키우고 주인장과 친해지는 게 중요하다고 하네요.

1 프랑스 빈티지 장터에서 구입한 닭 모양의 에그 홀더.
2 프라이팬을 뒤집어 만든 듯한 시계가 그녀의 주방에 딱 어울린다.
3 모카포트에 커피를 내려 마시는 것을 즐기는 그녀가 오랫동안 쓰고 있는 제품.
4 차에 관련된 각기 다른 그림이 그려져 있는 낡은 듯 멋스러운 타일.
5 비스킷 모양이 재치 있는 잔 받침.

직접 짜서 맞춘 쓰임새 많은 부엌

'노다+상영' 스타일리스트: 김상영

김상영씨는 푸드·리빙 스타일리스트로 왕성하게 일하고 있습니다. 그의 남편 김노다씨는 요리하는 사람입니다. '노다상영'은 하나의 이름처럼 불립니다. 노다상영은 서울 강남구 신사동 가로수길에서 퓨전 덮밥집 '노다 보울'과 이탈리안 레스토랑 '노다 테이블'을 운영하고 있고, 푸드 스타일링 스튜디오 '노다플러스'에서 유수한 잡지와 광고의 요리 촬영을 척척 해내고 있습니다.

같은 방향으로 걸어가고 있는 남편 노다씨와 아내 상영씨지만 조금 다른 점도 있습니다. 노다씨가 사업가로서 레스토랑을 운영하는 일에 더 큰 즐거움을

느끼고 있다면 아내 김상영씨는 스타일링과 강의하는 쪽이 더 즐겁습니다. 그런 까닭에 노다플러스 작업실의 부엌은 그녀 차지가 될 때가 많습니다. 공간은 사람을 닮는다고 하지요. 노다플러스의 부엌은 이 공간을 즐겨 사용하는 상영씨를 닮아 있습니다.

자작나무 합판으로 짠 부엌

얼마 전 홍대에서 가로수길로 작업실을 옮겨오면서 웬만한 부엌가구는 다 들고 왔습니다. 번쩍번쩍하는 새것으로 도배하기보다 필요에 따라 공간과 잘 어울리게 뚝딱뚝딱 만들어가는 것이 더 익숙한 상영씨는 이번 부엌도 작업할 때 쓰기 편한 구조로 직접 고안해 만들어 보았습니다. 부엌가구는 깔끔한 느낌의 자작나무 합판을 주재료로 만들었고요.

"부엌가구로 쓸 자작나무 상판은 우레탄 도장을 한번 해야 해요. 항상 물이 닿는 공간이기 때문에 그러지 않으면 관리가 어렵거든요. 경계 부분에 실리콘 처리를 꼼꼼히 하고 코팅을 잘 해주면 사용하는데 불편함이 없지요. 사실 막 쓰기 편한 것은 인조 대리석 상판이에요. 하지만 나무 상판이 주는 따뜻한 느낌을 좋아해요. 코팅을 잘 해주고 쓰면서 물기 흥건하게 두지만 않는다면 충분히 잘 쓸 수 있지요."

자작나무로 짠 상부장과 싱크대 상판, 화이트 컬러의 하부장이 따뜻하면서도 깔끔한 부엌을 만들어 줍니다. 상부장은 작게 여백을 살려서 만들었습니다. 손이 잘 닿지 않는 상부장을 넓게 만드느니 넣고 빼기 편한 아일랜드의 앞뒤로 넉넉한 수납공간을 만들었습니다. 커다란 아일랜드는 이전 이 공간을 쓰던 사람들이 테이블로 쓰던 가구입니다. 그것을 버리지 않고 수납장을 짜맞춰 아일랜드 겸 수납장으로 유용하게 쓰고 있습니다.

자작나무 합판으로 짜 맞춘 부엌가구. 인조 대리석 상판이 사용하기는 편하지만 나무가 주는 따뜻한 느낌을 좋아해 상판도 자작나무로 만들었다.

보이는 수납과 가리는 수납

조리대 옆 비어 있던 벽면에는 나무 선반을 세로로 여러 개 달아 자주 쓰는 양념들을 올려두고 사용합니다.

"부엌은 매일 사용하는 곳이니까 움직임을 최소화할 수 있게 수납해 두어야 해요. 예를 들어 개수대 옆 첫 번째 서랍에는 행주를 가득 넣어두는 식으로 가장 많이 필요한 품목들을 제일 첫 번째 칸에 배치하는 거죠. 사소한 것 같지만 수많은 움직임이 이뤄지는 부엌에서는 그런 작은 동작과 동선까지도 편리하고 효율적이어야 하거든요."

취향에 따라 수납법은 달라집니다. 선반과 다용도 걸이를 활용한 '보이는 수납'은 살림살이 늘어놓는 것을 질색으로 생각하는 사람들에게는 맞지 않으니까요. 반면에 자연스러운 멋, 살림하는 멋이 배어나는 부엌을 원하는 사람에게는 모든 게 수납장 안으로 말끔히 들어간 '가리는 수납'은 차갑게 느껴집니다. 그러니 수납은 취향의 문제지요.

'보이는 수납'과 '가리는 수납'의 중간쯤, 깔끔하면서도 자연스러운 멋을 원한다면 수납장과 선반을 적절히 배치해 사용할 수 있습니다. 보이는 수납은 가지런해 보일 수 있게 높이나 모양이 비슷한 것들끼리 놓아둔다거나, 바구니나 수납 상자를 활용하면 자연스러우면서도 정돈된 느낌이 듭니다.

보이는 수납을 위해 선반을 달 때는 올릴 물건의 무게를 감안해 선반의 두께를 결정해야 합니다. MDF판, 원목, 아크릴판, 스테인리스 스틸 등 무엇을 올려둘 것인가에 따라 선반의 재질과 두께를 정해야 합니다. 예를 들면 양념류 등을 올려두고 쓰는 선반을 만들려면 자주 청소해 줄 것을 생각해서 코팅되지 않은 나무 재질은 피해야겠지요.

그녀의 부엌에는 자작나무 합판 선반을 달고 철제 다리로 지탱했습니다. 선

비어 있던 기둥의 벽면에 선반을 달아 자주 쓰는
양념들을 정리해 두었다. 이처럼 보이는
수납을 할 때에는 높이나 모양이 비슷한 것끼리
놓아두어야 덜 산만해 보인다.

반을 지탱해 주는 발을 어떤 것으로 택하느냐에 따라 분위기에 미묘한 변화를 줄 수 있습니다. 철 재질은 나무와 썩 잘 어울리고 세련된 느낌을 줄 수 있지요. 이처럼 선반 지지대, 수납장의 손잡이만 달라져도 부엌의 표정에 변화를 줄 수 있답니다.

 이런 작은 소품들만 잘 사용해도 인테리어를 업그레이드할 수 있습니다. 학동역 사거리에 있는 '최가철물'이나 '황동산업' 등에 가면 다양한 디자인의 손잡이나 문고리를 찾아볼 수 있지요. 큰 돈을 쓰지 않고도 소소한 변화를 줄 수 있는 디테일의 힘입니다. 암만 싱크대를 잘 짜 넣어도 손잡이 하나에서 모양새를 흐트릴 수 있습니다. 반대로 별것 아니지만 아름다움을 줄 수도 있고요. 기존에 쓰던 가구에 칠을 새로 하고 손잡이만 바꿔주어도 새 가구가 태어날 거라고 그녀가 귀띔하는군요.

2

3

4

5

1 푸드 스타일링을 하는 그녀는 젓가락, 냅킨, 도마가 컬러와
모양별로 다양하다. 종류별로 모아 '보이는 수납'으로 정리해 두었다.
2 스칸디나비안 스타일의 말 오브제. 3, 4 자작나무 합판에
철제 다리를 달아 만든 선반. 5 가장 윗 서랍에는 자주 찾게 되는 행주를
가지런히 넣어두었다. 6 냄비와 프라이팬을 나란히 걸어두니
수납도 되고 재미있는 장식 역할도 한다.

6

그녀의 부엌에서 가장 눈에 띄는 것은 미닫이문을 단
대형 그릇장. 벽면에 고가구 나무 선반을 놓고 나무로 프레임을
짠 수납장을 만들었다. 미송으로 짠 미닫이문은 나뭇결이
살아 있어 그 자체로도 인테리어 요소가 될 뿐만 아니라 필요에
따라 보이는 수납과 가리는 수납을 가능하게 한다.

살림을 즐겁게 해주는 요리 도구

"도구를 잘 갖추고 쓸 줄 알면 요리 시간을 줄일 수 있고, 그만큼 주부에게 여유 시간이 주어져요. 도마부터 살펴보자면 자기가 가장 편하게 쓰고 관리할 수 있는 도마는 어떤 종류인지 아는 게 중요해요. 저는 아무래도 사용감이 가장 좋은 게 나무 도마더라고요. 나무 도마는 사용 후 잘 닦아주는 것이 중요해요. 나무 도마에는 세제를 되도록 사용하지 않는 것이 좋아요. 헹궈내도 나무 소재가 세제를 머금고 있거든요. 밀가루로 닦아내거나 중성세제를 이용하는 것이 좋아요. 그래서 생선이나 고기류를 손질할 때는 냄새와 오염물이 배기 쉬운 일반 나무 도마는 잘 쓰지 않아요. 대신 기존 나무 도마보다 표면 강도가 강한 '에피큐리언epicurean' 도마를 쓰는데 가볍고 얇아 사용하기 편하고 세척도 편리해요. 음식물도 잘 배어들지 않고요."

요리연구가나 스타일리스트들의 부엌에서 공통점으로 느끼는 것은 생각처럼 다양한 조리도구를 갖춰놓고 있지 않다는 점입니다. 입에 착 붙는 음식이 있듯이 손에 착 붙는 편한 조리도구 몇 개로 어떤 요리든 거뜬히 해내고 있죠. 조리도구는 생각보다 많지 않은 반면, 그릇은 수납장 구석구석 가득하다는 것도 공통점입니다. 그녀 또한 그릇 욕심은 누구 못지않군요.

"그때그때 눈에 띄는 예쁜 그릇은 잘 사모으는 편인데, 오래 질리지 않고 좋아하는 그릇은 아무래도 도자기예요. 그냥 질그릇 말이에요. 만든 작가의 성향에 따라 거칠고 투박한 느낌뿐 아니라 선이 아주 곱고 모던한 느낌까지 날 수 있지요. 유기그릇도 참 좋아해요. 노다보울에서 장어덮밥이나 스테이크덮밥 같은 경우 유기그릇에 내는데 한 그릇의 간단한 덮밥도 격 있는 음식처럼 보이죠. 대접받는 느낌이 들어서 먹는 사람의 마음가짐도 그만큼 진중해진다고 해야 하나… 그런 게 그릇의 힘 같아요."

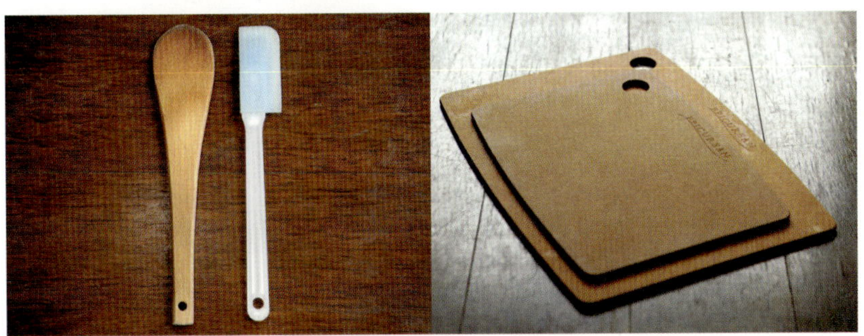

그녀가 좋아하는 부엌 살림은 비싸고 질 좋은 물건만은 아니다.
오히려 시장에서 막 구입했는데, 써보니 가볍고 의외로
쓰임새가 많은 뜰채나 튀김망 같은 것인 경우가 더 많다.
물론 내구성이 뛰어난 동으로 된 냄비나 요리 가위,
음식이 담기면 더욱 빛을 발하게 하는 디자인이 뛰어난
그릇들도 그녀가 사랑하는 부엌 아이템들이다.

　그녀의 부엌에서 다양한 스타일의 그릇보다 탐나는 것이 있다면 거대하다고 할 만한 압도적 크기의 미닫이문 그릇 수납장입니다.

　"미송 합판으로 크게 문을 짜 넣었어요. 미송 합판에 오일스테인을 바르고 라커칠을 해서 마무리하니까 약간 오래된 나무 느낌이 나더라고요. 장 안쪽에는 오래 전부터 사용해 온 고재 선반을 두고 그 위에 그릇을 정리해 두었고요. 이렇게 붙박이장을 짜고 문을 미닫이로 만들어 두면 미닫이문은 이사갈 때 다시 떼어갈 수 있어요. 안쪽의 그릇 선반장은 언제든 이사가게 되더라도 되살려 쓸 수 있게 디자인한 거예요. 자기 집이 아니라면 새로 가구를 해넣을 때 최대한 이동 가능하게 디자인하는 것도 중요한 점이에요."

　미닫이문은 닫아 두면 묵직한 나무 가구로서의 멋이 있고, 문을 활짝 열어 두면 가득찬 다양한 색깔과 형태의 그릇이 인테리어 효과를 냅니다. 많은 그릇을 그저 대충 넣어둔 것 같지만 색깔이나 크기, 소재에 따라 나름의 규칙을 가지고 정리해 두었습니다.

　그릇이 많다면 어떻게 수납하느냐에 따라 수납 효과는 물론 인테리어 효과를 낼 수 있습니다. 가지런히 색깔별로 정리된 예쁜 그릇들은 굳이 수납장 안에 감춰두지 않고 선반에 늘어놓으면 멋스러운 장식이 되기도 하지요. 효율적인 면에서 볼 때 크기가 다른 그릇을 겹쳐 놓으면 아래 그릇을 사용할 때마다 번거로운 일이 생깁니다. 같은 크기 그릇은 겹치되 그렇지 않다면 따로따로 크기별로 수납하는 게 좋고, 각각 다른 모양의 접시일 경우 세로로 꽂아 둘 수 있는 접시대를 마련하면 그릇이 긁히는 일도 적고 사용하기에도 편리합니다. 그릇장이 따로 없는 경우는 사용 빈도가 적은 식기류를 손 닿기 힘든 부엌 상부장 꼭대기에 올려두는 등 자주 사용하는 것과 분리해 두면 그릇 정리가 좀 수월해집니다. 누구보다도 많은 그릇을 사용하는 그녀가 알려준 살림법이니 믿을 만할 겁니다.

tools *for* kitchens

4

자랑하고 싶은 그릇

푸드 스타일링을 하는 그녀의 그릇장에는 스펙트럼이 넓은 다양한 그릇들이
포진해 있다. 특별히 아끼는 그릇 중에는 티포트가 많다.
1,4 일본 지유가오카 거리의 로드숍에서 구입한 티포트. 독특한 형태의
그릇들은 푸드 스타일링에 유용하게 쓰인다. 2 일본 오모테산도 거리에서
구입한 소스 그릇. 3 세라믹요에서 구입한 접시. 투박한 느낌의
도자 그릇을 특히 좋아한다. 5,6 베트남 여행에서 구입한 티포트와 잔 세트.

5

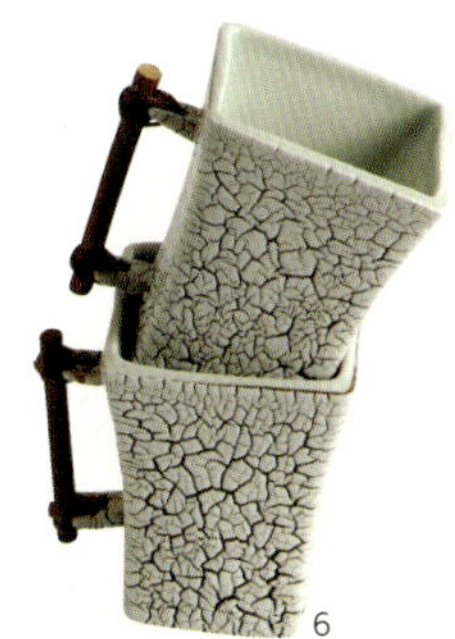

6

어른들도 좋아할 속 편한 브런치
수란과 고구마튀김

그녀의 아침은 커피 한잔이지만 가끔 여유 있는 날
아침 겸 점심으로 속 편한 브런치를 준비해 봅니다. 수란은 어른들도 좋아하고
아침에 부담 없이 먹을 수 있는 영양식이죠.

1.수란 만들기

먼저 냄비에 식초를 약간 떨어뜨린 물을 끓입니다. 식초는 흰자가 응고되는
것을 도와요. 그리고 국자 위에 달걀을 깨뜨려 넣습니다. 달걀 한 개를 깨뜨
려 넣었을 때 약간 여유가 있는 크기의 국자가 좋습니다. 오목하고 깊은 국
자가 아니라 넓게 퍼진 국자가 좋고요. 냄비의 물이 끓기 시작하려고 할 때
국자를 넣습니다. 물이 끓으면 불을 살짝 줄여서 계속 익힙니다. 물이 넘쳐
서 국자에 들어가지 않도록 주의하며 국자를 가끔씩 들어줍니다. 부드럽
게 원하는 정도로 익었을 때 국자를 꺼내어 수란을 덜어냅니다. 미리 국자
에 참기름을 발라두면 수란이 잘 떨어져 나옵니다.

2.고구마튀김 만들기

얇게 썰어서 달걀물만 입힌 고구마를 튀기거나 팬에 지져요. 완성된 노릇
한 고구마튀김을 곁들여요.

3.차우더수프 만들기

루(roux. 수프를 걸쭉하게 만들기 위한 것으로 두꺼운 냄비에 버터를 녹이
다가 체로 친 밀가루를 계속 넣어가며 걸쭉한 형태로 만든다)를 넣어 차우
더수프(조개, 굴, 생선 등을 넣어 진하게 만든 해산물 수프)를 진하게 만들
어 접시에 깔고 그 위에 수란과 고구마튀김, 그린빈스를 얹어요.

4.차우더수프 대신 플레인 요구르트도 OK!

차우더수프 대신 플레인 요구르트로 대신해도 상큼하고 가벼운 맛이 나 좋
아요. 준비 과정이 훨씬 간단하기도 하고요. 플레인 요구르트에 수란과 고
구마튀김, 그린빈스를 얹고 레몬즙을 뿌리고 소금간을 해서 먹죠.

개성 있는 부엌

unique

부엌은 즐거운 놀이터입니다. 좋아하는 차를 예쁜 잔에 우려내 마시고,
테이블 세팅을 하고, 레시피를 기록하고….
나만의 이야기, 나만의 취미가 부엌에서 맛이 듭니다.

…서른의 청춘은 어느 봄날,

동네의 골목들을 샅샅이 뒤지고 다녔습니다.

그녀만의 작은 부엌 하나를 갖고 싶어서요.

종일 부엌놀이를 할 만한 장소를 찾고 싶어서요…

_이현지의 부엌

OPEN AM11-PM10
closed on mondays
Take out
ADT
캠스경비구역
CCTV작동중
1588-6400

홍차와 리넨이 있는 싱글의 부엌

북 디자이너: 김미지

밀크티 한잔을 끓여야겠습니다. 먼저 밀크팬에 물이 끓으면 찻숟가락에 아삼을 듬뿍 담아 넣습니다. 과일향이 나지 않는 종류면 좋겠어요. 설탕과 우유를 넣고 티푸드 하나를 곁들이면 기분 좋은 오후의 간식이 되죠.

하얀 앞치마를 두르고 부엌에 들어선 싱글의 김미지씨는 바느질과 홍차의 세계에 푹 빠져 있습니다. 그녀의 부엌은 바느질의 온기와 홍차 향이 가득한 아름다움이 있습니다.

나의 상상 속 부엌에는 설탕처럼 하얀 앞치마가 있다.
따뜻하고 달콤하고 든든한 요리의 시작과 끝은 언제나 하얀색 앞치마였으면 한다.
채소를 손질하기 전 앞치마를 두르고 리본을 묶는 것을 시작으로
앞치마 치맛단에 물기를 쓱쓱 닦는 마지막까지.
군더더기 없는 하얀 광목에 푹푹 삶아도 지지 않는 얼룩이 져도 좋겠다.
과일물이 들어도 혼자만 덩그러니 눈에 띄지 말라고
작은 여름꽃무늬 천도 둘러보고 여린 연보랏빛 체크천으로 주머니도 달아 본다.

−127쪽, 〈리넨이 있는 바느질 살롱〉中, 김미지

2

1

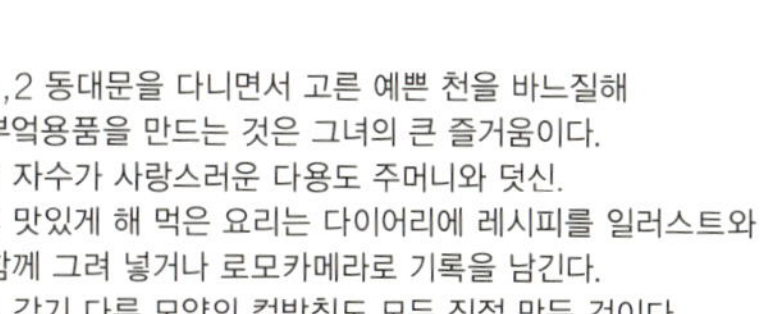

3

4

5

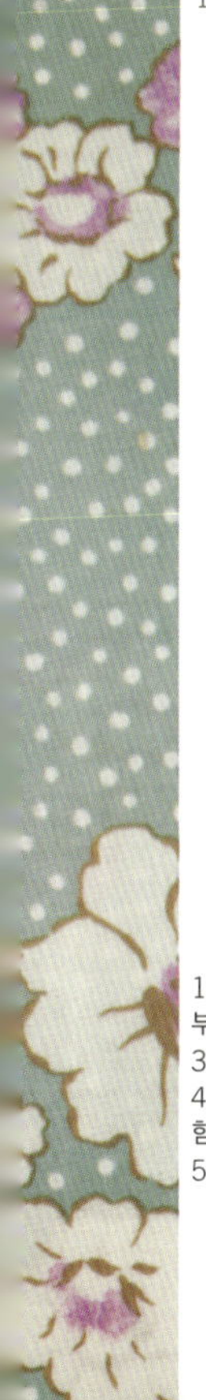

1,2 동대문을 다니면서 고른 예쁜 천을 바느질해
부엌용품을 만드는 것은 그녀의 큰 즐거움이다.
3 자수가 사랑스러운 다용도 주머니와 덧신.
4 맛있게 해 먹은 요리는 다이어리에 레시피를 일러스트와
함께 그려 넣거나 로모카메라로 기록을 남긴다.
5 각기 다른 모양의 컵받침도 모두 직접 만든 것이다.

옷이란 그런 거죠. 옷을 갈아입는 순간, 마음도 갈아입게 되는 것. 그러니 설탕처럼 하얀 앞치마를 두르는 것만으로도 부엌에서의 일상이 충분히 사랑스럽게 느껴질 수 있습니다. 뭐 꼭 부엌을 뜯어고치고, 원하는 시스템 부엌가구를 들이지 않아도 마음에 드는 앞치마 하나로도 부엌에 들어서는 게 설레기까지 하는 것. 아니면 오랫동안 찜해 두었던 찻잔을 구입해 하루 중 틈이 난 텅 빈 시간에 그 찻잔에 차 한잔을 우려내 마시는 것, 그런 작고 소소한 것 하나로도 부엌은 사랑스러울 수 있으니까요.

홍차를 만나다, 부엌을 사랑하다

여자가 살림에 관심을 갖기 시작하는 평균 나이는 4~5세쯤 될까요. 벽돌을 갈아 고춧가루를 만들고, 나뭇잎을 찢어 반찬을 만들고, 모래알로 밥을 짓는 소꿉장난이 시작되는 나이죠. 엄마 화장대의 립스틱과 하얀 분에 관심을 가질 나이가 되면서 동시에 부엌 냄비며 국자를 들고 요란을 떠는 때가 이 즈음이니까요. 하지만 그런 관심은 소꿉놀이에서 그치는지 막상 결혼을 앞둔 처자들 중에는 도마와 칼을 쓰기보다는 가위로 모든 재료를 쓱싹쓱싹 자르는 것이 훨씬 편하고, 전자레인지 버튼을 눌러 음식을 데우는 것 외에는 특별한 요리 기술을 갖지 못한 경우가 허다합니다. 그런 까닭에 아직 서른도 안 된 싱글의 처자가 살림에 관심을 갖는 것을 보면 신기할 지경입니다.

"부엌을 들락거리게 된 건 순전히 홍차에 관심이 생기고 나서부터예요. 인터넷 카페를 통해 홍차에 대해 흥미를 갖게 되고, 홍차를 하나씩 구해 마셔보게 되었죠. 예쁜 찻잔을 눈여겨보게 되고, 티포트를 구하게 되고, 티타임을 갖기 시작했어요. 차를 마시다 보니 '티매트가 있으면 좋겠다' 생각하게 되면서 바느질을 시작하고, 티 코스터^{tea coaster} 나 차 관련 소품들을 만들게 되더라고요.

좋아하는 홍차를 끓여 예쁜 잔에 담고
간단한 음식을 곁들여 티타임을 즐긴다.
별것 아니지만 행복을 주는 부엌에서의 시간이다.

동대문을 다니면서 예쁜 천을 골라 와 바느질을 하다 보니 어느새 앞치마도 만들게 되고, 테이블클로스나 행주, 도시락 가방, 피크닉 매트 등 점점 부엌 구석구석에 필요한 것들을 만들기 시작했어요.”

언제나 관심은 아주 작은 데서 시작하지요. 그리고 그 관심은 가지를 치고, 줄기를 뻗어나가기 시작합니다. 홍차에 대한 관심은 그저 딱 하나, 맘에 드는 찻잔 하나와 티포트 하나를 마련하자고 했던 것인데 점점 부엌 한쪽에 홍차장을 만들고, 다구들을 모아 놓은 선반을 만들게 되었습니다. 부엌 전체를 내 마음에 쏙 들게 바꿀 수는 없어도, 어느 한 구석 정 붙이고 자꾸 손 가고 가꾸고 싶은 공간을 만들다 보니 부엌 전체로 그 애정의 영역은 확장되어 갔습니다. 자기만의 테이블을 꾸며나가기 시작한 거죠.

“차에 대한 관심이 깊어지면서 이제는 차와 함께 먹을 티푸드를 만들게 되고, 다른 주방 도구들이나 요리에도 슬슬 관심이 생기더라고요.”

부엌이 참 재밌는 공간이구나, 여기가 참 즐거운 놀이터구나 싶어졌습니다.

틈틈이 차 한잔 우려내 티타임을 즐기면서 바느질 삼매경에 들어갑니다. 원목 나무로 짠 아일랜드에 앉아 부엌 창문을 아름답게 할 작은 커튼을 만들기도 하고, 결혼할 친구에게 줄 주방 장갑이나 리넨 행주를 만들기도 합니다. 너무 하얗게 표백되지 않아 자연스러운 리넨 소품들은 부엌에 온기를 더합니다.

“홍차와 바느질은 저 혼자 즐기는 것이기도 하지만 나눌 수 있어 행복한 것이기도 해요. 제가 좋아하는 차를 누군가에게 선물하기도 하고, 이렇게 제가 만든 행주나 작은 커튼, 앞치마 등을 선물로 줄 수 있어 좋아요.”

그녀가 심취하면 심취할수록 작은 부엌은 점점 달콤해집니다. 그녀는 자기만의 달콤한 부엌에서 날마다 무언가 향기 나고 아름다운 것들을 꼬물꼬물 만들어내고 있습니다.

작은 부엌이지만 아기자기함과 정겨움이 있다. 작은 부엌을 정리하려면 더 자주 손이 가고, 마음이 가기 때문이다.

좋아하는 찻잔은 잘 보이는 곳에 둔다. 눈길이 갈 때마다 기분이 좋아지니까.

1

2

3

4

티타임을 위한 즐거운 장보기

이렇게 김미지씨가 만든 것들은 티타임을 가질 때 식탁 위에 멋지게 연출됩니다. 달콤한 그 티타임의 풍경을 따라가 볼까요.

우선 처음 산 다구들은 깨끗이 삶아 준비해 둡니다. 도기 다구들은 흙으로 만든 숨 쉬는 그릇들이라 처음 샀을 때 쌀뜨물에 한번 끓여 사용합니다.

"밀크팬에 쌀뜨물을 넣고 새 도기 다구들을 끓여요. 다구를 삶을 때는 그릇과 그릇들이 달그락거리며 부딪치다가 흠이 나는 걸 막으려고 키친클로스 한 장을 깔고 삶아요. 서서히 식힌 후 헹궈 말리지요."

다구가 준비되면 그날 분위기에 따라 찻잔과 티포트를 고릅니다. 티포트에 직접 바느질해 만든 티코지tea cozy를 씌워 차의 온도를 따뜻하게 유지하도록 하고, 티매트를 깔고 찻잔을 놓습니다. 오늘은 밀크팬에 끓인 밀크티로 티타임을 즐깁니다. 혼자만의 티타임이더라도 이처럼 예쁘게 세팅하고 정성스럽게 마시면 차의 향에 더욱 집중하게 됩니다. 또한 나 자신이 더욱 귀해지고 행복해지는 기분이 듭니다.

"티타임이 끝나면 찻그릇과 밀크팬은 소다를 넣고 뽀득뽀득 닦아 둬요. 오래 깨끗하게 쓸 수 있게요."

이런 과정이 번거롭다고 생각하면 이런 여유도 포기해야겠죠. 좋아하는 밀크팬을 뽀득뽀득 씻는 일도, 면 행주로 물기를 깨끗이 닦아 다시 선반에 올려두는 것도 그녀를 기분 좋게 합니다. 자신을 즐겁게 해주는 일에 마음을 쓰고 시간과 돈을 쓰는 건 자연스러운 일입니다. 홍차와 바느질에 관심 있는 그녀는 틈틈이 부엌 소품 쇼핑하는 것을 즐깁니다.

"좋아하는 취미가 있다 보면 자연스럽게 외출 코스가 정해지기 마련이에요. 남대문이나 동대문에 나가기도 하고, 홍대에 있는 '엣코너'에서 빈티지한 제품을

1 작은 선반을 만들어 즐겨 마시는 홍차통을 진열해 두었다.
2,4 즐거운 티타임. 밀크팬에 밀크티 한잔을
끓인다든가, 커피 한잔을 내려 마시면 부엌 한쪽이
작은 홈카페가 된다. 3 직접 만든 나무 수납함에는
자칫 지저분해 보일 수 있는 양념들을 담아두기도 한다.

구입하기도 해요. 인터넷으로 구경할 때는 '미스달 스튜디오(www.missdal.com)'를 이용해요. 부엌 소품 쇼핑몰들이 굉장히 많아졌는데, 이 사이트는 예쁘고 실용적인 것들이 합리적인 가격에 나와 있더라고요. 요즘은 도자기의 투박함이 좋아 '도자기 숲(www.dojagisoop.com)'을 자주 들락거려요. '스튜디오엠(www.studiomom.co.kr)' 제품도 너무 좋아하고요. 부엌 패브릭을 직접 바느질해서 만들면 좋지만 여건상 어려우면 '마마스펀(www.mamasfun.com)'이나 '마마스카페(www.mamas-cafe.com)'에서 원하는 패브릭을 주문제작할 수 있어요."

부엌에서 놀기, 음식 사진 찍기

부엌에서 하는 또 다른 놀이는 차나 티푸드, 바느질 소품을 촬영하는 것입니다. 매일매일 부엌에서 하는 요리나 취미생활을 기록하는 일은 생각보다 꽤 재미있고 집중력을 높여줍니다. 육중한 DSLR 카메라 하나 없이도 그녀는 순간순간을 기록하는 일을 재미있게 하고 있습니다. 로모카메라 한 대와 똑딱이 카메라 한 대만 있으면 그녀의 부엌놀이는 더 즐거워집니다.

그렇게 촬영한 것들을 묶어 〈열 두 달의 홍차〉와 〈리넨이 있는 바느질 살롱〉이라는 책을 내기도 했습니다. 요즈음은 자수를 시작해 보려 하고, 좋아하는 그림책을 만들어 보려 합니다. 그녀에게 부엌은 하루 종일 놀아도 놀 것이 많은 놀이터이자 작업실 같은 곳입니다.

하루 세끼 가족들 밥해 먹이느라 지친 주부들에게는 부엌은 놀이터가 되기는커녕 마음을 짓누르는 무겁고 짐스러운 공간이 되곤 합니다. 하지만 밥해 먹기가 지긋지긋할 때 잠깐이라도 부엌에서 자기만의 한가한 시간을 가져보는 것, 좋아하는 물건들을 모아 둔 선반 하나라도 만들어 보는 것, 식탁의 느낌을 달리할 테이블클로스를 깔아보는 것, 이런 작은 일들이 부엌을 다시 설레고 따뜻한 공간으로 만드는 데 보탬이 될 수 있을 듯합니다.

로열 밀크티 끓이기

재료　홍차 5g, 우유 150mL, 물 150mL, 설탕 약간

끓이는 법
1. 밀크팬에 물을 넣고 끓인다.
2. 불을 끄고 찻잎을 넣고 5분 정도 우린다.
3. 우유를 넣고 다시 불을 올려 밀크팬 가장자리가 끓어오르면 불을 끈다. 기호에 따라 설탕을 넣는다.
4. 스트레이너로 찻잎을 걸러 찻잔에 따른다.

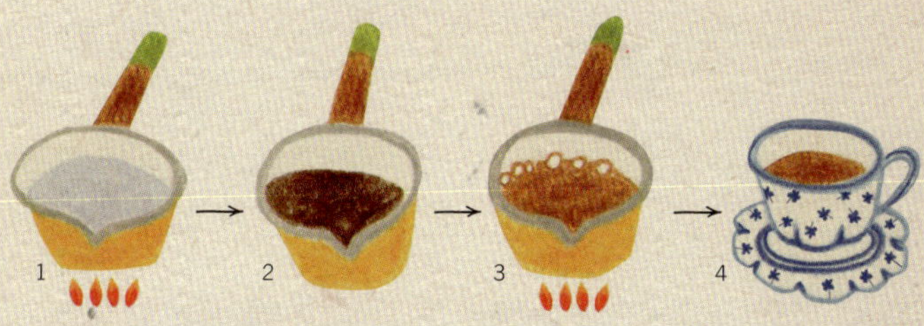

홍차 다구 관리법

도기 다구들은 흙으로 만든 숨 쉬는 그릇들이라 처음 샀을 때 쌀뜨물에 한번 끓여 사용하면 좋아요. 그릇과 그릇들이 달그락거리며 부딪치다가 흠이 날 수 있으므로 키친클로스 한 장을 깔고 삶아요. 10분 정도 삶으면 충분한데 서서히 식힌 후 다 식은 다음에 헹궈요. 갑자기 차가운 물로 헹구면 금이 갈 수도 있어요.

찻물이 밴 찻잔이나 밀크팬은 소다를 넣고 손으로 뽀득뽀득 닦으면 오랫동안 깨끗하게 쓸 수 있어요.

원 테이블 한옥 카페의 작은 부엌 + 다이닝 룸

파티플래너: 오다윤

디자이너였던 오다윤씨는 뒤늦게 푸드스타일링을 공부했습니다. 촬영 현장에서 사진작가인 남편을 만났고, 죽이 척척 잘 맞던 두 사람은 부부가 되어 어느 날 계동 골목길에 작은 가게 하나를 열었습니다. 테이블 하나가 전부인 원 테이블 카페.

족히 40년의 세월 동안 골목을 지켜왔을 낡은 목욕탕과 고소한 참기름 냄새를 진동시키는 참기름집이 있는가 하면, 금속공예작가와 인형작가의 작업실, 음악살롱이 함께 어우러진 동네. 계동 골목길에 그들의 작은 카페가 있습니다. 열 평 될까 말까 한 작은 공간에는 테이블이 딱 하나. 그 안에 있는 작은 부엌 하나가 전부입니다.

모든 것은 뚝딱뚝딱 두 사람의 노동력으로 이루어졌습니다. 부엌 공사는 큰오빠의 힘을 빌렸고요. 부엌 공사라봐야 나무로 선반 짜 넣는 것 정도입니다. 근사한 한옥 문짝을 사와 테이블을 만들었고, 낡은 나무 유리창을 가져와 운치 있는 창가도 만들었습니다. 걸리적거리는 건 낡고 허연 싱크대. 싱크대 전부를 바꾸기에는 자금도 부족하고, 오래된 것을 손봐 새로운 형태로 만드는 것도 재밌을 것 같아 조금만 모양새를 바꿔보기로 했습니다. 상판 위에 큰 타일을 덧붙이

마음에 드는 긴 테이블이 없어 따로 주문제작해 들여놓은 다이닝 테이블. 특별한 인테리어 장식이 없어도 짙은 나무색 테이블과 서까래로 충분히 멋스럽다.

창문을 열면 한옥 지붕이 액자에 담긴 듯 드러난다.

고, 문짝은 그대로 둔 채 얇은 합판을 덧대고 짙은 나무색 오일스테인으로 코팅을 하니, 네모반듯하지도 않은 작고 허름한 부엌은 오랫동안 정들여 사용해 온 부엌처럼 정감이 있어졌습니다. 고즈넉하기 이를 데 없는 골목, 겨울 내내 아무도 차 한잔 마시러 오지 않는 카페에서 손가락 빠는 시간마저 희희낙락 즐거웠던 두 사람에게 어느 날 작은 파티 의뢰가 들어왔습니다. 그 첫 번째 파티를 시작으로 그녀와 남편은 누군가를 위해 따뜻한 저녁 밥상을 차려주는 것이 일이 되어버렸습니다.

간단하게 휘리릭 손님상 차리는 것이 재밌던 그녀는 아예 누군가를 위한 파티를 열어주는 것을 업으로 삼았고요. 파티라봐야 등 파인 드레스 입고 등장하는 그런 파티는 아니고, 그저 조금 다른 공간에서 누군가 정성들여 차려준 음식을 먹으며 잠시의 멋진 시간을 보내고 싶은 두 사람을 위한 프러포즈 파티를 시작했습니다.

"프러포즈하는 분들은 기가 막히게 맛있는 음식을 드시러 온다기보다 기분 좋게 해주는 식탁을 기대해요. 상대방이 좋아하는 음식을 차려준다거나, 멋진 꽃다발이 있다거나, 특별한 선물이나 노래가 기다린다거나…. 이런 파티를 준비하면서 사람을 행복하게 해주는 식탁에 대해 많이 생각하게 됐어요. 우리가 식탁에 앉아 함께 먹을 때는 꼭 기가 막히게 맛있는 음식만을 기대하는 건 아니잖아요."

평범한 음식이라도 어떻게 하면 더 예쁘고 근사하게 차려낼까, 어떻게 하면 빵 한 조각도 기분 좋게 먹을 수 있을까, 어떤 테이블보를 깔면 사랑스러운 느낌이 들까, 어떤 꽃을 꽂아 두면 마음이 설렐까….

"꼭 특별한 날이 아니어도 늘 이런 궁리를 하다 보면 그냥 일상의 밥상에도 마음을 더 쓰게 돼요. 아무렇게나 담긴 음식보다는 더 보기 좋게, 더 먹음직스

한옥이 좀 불편하다고 해도 나무 도마며 행주,
부엌 세간살이를 햇볕에 바짝 말릴 수 있는 마당이 있으므로
다 용서가 된다. 게다가 봄, 여름, 가을에는 마당이
야외 부엌이 돼주니 불편함을 보상해 주고도 남을 수밖에.

럽게, 상대방을 위해 마음 쓴 흔적이 보이면 밥 먹는 것 하나에서도 기분이 좋아지잖아요."

그녀는 누군가가 행복해지는 식탁을 차리기 위해 고민하는 게 일입니다. 식탁 분위기를 연출하는 데 중요한 조명에 손뜨개를 한 조명갓을 씌우기도 하고, 동대문에서 얻어온 견본 천조각인 스와치에 레이스를 달아 컵받침을 만들기도 하고, 작은 병에 꽃 한두 송이를 꽂아도 보고, 함께 먹으면 썩 궁합이 맞을 메뉴를 궁리하기도 합니다. 크게 돈 드는 일도, 품 드는 일도 아닌, 주변 소품들을 이용해 멋스러운 테이블을 연출하는 것입니다.

"두 사람을 위한 파티상을 차리다가 어느 날 제게 아기가 생겼어요. 그리고 우리 아기가 백일 되던 날 가족들만 모시고 작은 파티를 열었거든요. 그 파티를 보고 주변에서 돌잔치 의뢰가 많이 들어오기 시작했어요. 돌잔치가 전문 행사 진행자들에 의해 너무 이벤트처럼 진행되잖아요. 옛날에 그랬듯이 가족끼리 조용히, 아기가 스트레스받지 않게 편안하면서도 유쾌하게 돌잡이를 할 수 있으면 좋겠다 싶더라고요."

아이의 첫 생일을 맞아 가족끼리 도란도란 돌상을 받고 싶은 엄마, 아빠들을 위한 파티는 아기를 키우는 그녀가 진심을 다해 차릴 수 있는 식탁이었습니다.

오래된 주택의 낡은 부엌을 최소한의 비용으로 취향에
맞게 고쳐보았다. 좁은 부엌의 상부장은 다 떼어내고
대신 나무 선반을 달았다. 하부장의 문짝은 얇은 나무로
덧대 오일스테인을 바르고, 상판에는 넓은 흰색 타일을 깔았다.

마당 있는 한옥집, 작은 부엌과 다이닝 룸

돌잔치 의뢰가 많이 들어오면서 조금 더 넓은 집이 필요했습니다.

정독도서관에서 삼청동 가는 골목, 안쪽에는 조용한 한옥집 동네가 나타납니다. 마당 있고, 바람과 햇볕 드나드는 마루가 있는, 그리고 밤이면 밤하늘에 별들도 볼 수 있는 그런 한옥. 겨울에 보일러 '씨게' 틀어도 이 덜덜거리게 추워보면 한옥에 대한 로망이 싹 달아난다고들 으름장을 놓아도 오다윤씨와 그의 남편은 꼭 한 번은 마당 있는 한옥에 살아보고 싶었습니다.

다행히 발품을 판 덕에 잘 수리해 놓은 집을 구했습니다. 다만 집주인이 요리하는 것에는 관심이 없었는지 부엌에는 큰 인심을 쓰지 않은 것이 안타까운 점이었습니다. 그것이 조금 아쉬웠으나 마당이 있으니 다 괜찮다 생각했지요. 손바닥만 한 마당이라도 한쪽에 채소를 심을 수 있고, 행주는 폭폭 삶아 빨아서 마당 빨랫줄에 널 수도 있고, 나무 도마며 그릇들도 한 번씩 햇볕에 천연살균해 줄 수 있으니, 그거면 족하다 싶었습니다. 부엌에는 창호문을 달아놓아 쓰지 않을 때는 가려둘 수 있었고, 좁긴 했지만 천장이 높고 나무 기둥들이 감싸고 있어 포근한 느낌이 든다고 생각했습니다. 하지만 사용하다 보니 부엌이 작긴 작았습니다. 딱 조리할 공간만 있고, 식탁은 거실로 빼야 했으니까요. 그래서 생각한 것이 방 하나를 다이닝 룸으로 꾸미는 것이었습니다. 누군가를 위해 작은 파티를 열어주는 것이 그녀의 즐거움이므로, 넓은 다이닝 룸은 멋진 부엌과 함께 그녀의 꿈이었으니까요.

작은 창호문을 열면 한옥 지붕들과 저녁 노을로 물들어 가는 하늘이 보이는 방 하나를 다이닝 룸으로 꾸몄습니다. 열대여섯 명쯤 넉넉히 앉을 수 있는 테이블을 맞추고, 조명은 그녀가 좋아하는 유리병들을 모아 만들어 달았고요. 이곳에서 오다윤씨는 새로운 파티 음식을 차립니다.

다이닝 룸에서 여는 프러포즈 파티와 돌 파티

마당 있는 한옥으로 이사오고 나니 찾아오는 아기들도 어른들도 신이 납니다.

"대개 아파트나 빌라에 사니까 이렇게 서울 한복판에 조용한 동네가 있다는 것도 신기해 하시고, 한옥 툇마루에 앉아 한나절 가족들과 특별한 시간을 갖는 것도 즐거워하시더라고요. 마당에서 스테이크를 구워드리기도 하거든요. 밤이 깊어지면 네모난 마당에서 별들도 볼 수 있고, 각자 ㄷ자형 툇마루 어느 한 구석에 앉아 선선한 바람을 쐬며 이야기를 나누시기도 하죠."

손님들이 그렇게 여유를 즐길 때 그녀의 부엌은 바쁩니다. 살림하기도 작은 부엌에서 열서너 사람의 식사를 차려내기 때문이죠. 짧은 시간에 여러 명의 식사를 준비하다 보니 그녀는 간단하고도 제법 품위 있는 한 끼를 만들어내는 데 선수가 되었습니다. 기다리는 사람들도 마당의 꽃을 보거나 아기에게 자전거를 태워주면서 아무도 조급해 하지 않습니다.

"공간이란 게 참 중요하구나 생각을 해요. 답답한 아파트 안에서는 음식이 빨리 안 나오면 할 일이 없어서 텔레비전을 틀어놓고 기다리기 때문에 음식 하는 사람도 조급해지잖아요. 여기서는 각자 바깥 공기 쐬면서 마루에 걸터앉아 아기 노는 것 보고 웃기도 하고, 이야기 나누면서 느긋하게 식사를 기다리죠. 사람을 편안하게 해주는 공간이 참 중요하구나 생각해요."

어스름한 저녁 하늘이 어여쁜 날, 바람이 좋은 날, 별 총총 뜨는 걸 보고 싶은 날은 마당에서 식사를 합니다. 불 피우고 고기 구운들 누가 뭐랄 사람 없으니까요. 그녀는 작은 부엌에 투덜대지 않고 마당과 다이닝 룸까지 그녀의 요리 공간을 넓혔습니다. '이가 없으면 잇몸'의 정신으로 그녀는 오늘도 누군가를 행복하게 하는 부엌을 만들어 가고 있습니다.

기분 좋은 음식 선물, 모둠피클

"틈만 나면 파티상을 차리다 보니, 제 머릿속은 온통 쉽고 빠르고 재미난 스타일링에 몰두해 있어요. 예를 들어 누군가에게 선물을 해주고 싶을 때면 그 철에 나는 제일 만만한 재료를 구입하죠.

가을이면 맛이 좋은 연근을 사서 식초 넣은 물에 살짝 데쳐 씻은 후 절임물을 만듭니다. 식초와 설탕, 물을 각각 1:1:1의 비율로 섞고 소금을 약간 넣습니다. 연근과 함께 양배추, 무, 오이를 적당히 먹기 좋은 크기로 썰고 피클 담글 때 넣는 향신료 대신 청양고추를 넣어요. 이렇게 간단히 두고두고 먹기 좋은 피클을 만들어 병에 담습니다.

그냥 덩그러니 병째 주기보다 기분 좋은 포장을 해주는 것이 필요하죠. 꽃시장에 가면 파는 얇은 꽃종이, 습자지라 불리는 종이로 병을 감싸 풍성한 느낌이 들게 모양을 잡은 후, 유칼립투스와 같은 큰 잎을 하나 달아 끈으로 묶어주면 꽤 근사해 보이는 선물이 뚝딱 완성돼요.

와인을 선물할 때면 갈색 와인병에 오렌지색 가죽을 감아 따뜻한 느낌을 더해 보세요. 가죽천은 동대문종합시장 5층에서 자투리 가죽 원단 모음을 사놓으면 선물을 포장할 때 요긴하게 쓸 수 있어요."

그릇 욕심 많은 여자의 부엌

일본요리연구가: 김정은

"빵 안에 부드럽고 달콤한 크림이 가득했던 빵, 초등학교 4학년 때 처음 만들어 본 빵이 슈크림이에요."

초등학교 4학년의 여자아이가 만들었던 음식은 라면이나 달걀 프라이가 아니라 슈크림이었습니다. 그녀는 엄마의 요리책을 보는 게 취미였던 아이였지요. 맛있는 음식이 가득한 사진들은 다른 어떤 패션 화보보다 여자아이의 마음을 사로잡았습니다. 일본요리연구가 김정은씨는 오랫동안 일본에서 생활하며 자연스럽게 일본 요리를 접했고, 어릴 때부터 그녀를 사로잡던 요리는 업이 되었습니다.

"엄마는 패션 디자이너셨어요. 저희가 입는 옷은 웬만한 건 모두 엄마가 만들어 주셨어요. 바지나 원피스는 물론 겨울 코트까지도요. 지금은 연세가 많이 드셨지만, 제 딸 옷을 가끔 만들어 주곤 하세요. 여전히 재봉틀이며 바느질을 손에서 놓지 못하시고 행주며 매트, 유리병 커버 등 부엌에서 쓰는 소품들을 항상 만들어 주세요. 저도 옷에 관심이 많았어요. 하지만 제가 유독 관심이 많았던 옷은 앞치마였죠. 지금 가지고 있는 앞치마도 대략 200벌쯤 될 거예요. 학교 다닐 때도 앞치마 디자인이 하고 싶어 일본 잡지를 수도 없이 스크랩했었어요. 그렇게 앞치마에 매료된 걸 보면 아마 저는 패션보다는 음식 쪽이 더 맞았던 것 같아요."

앞치마에 열광하던 소녀는 이제 차곡차곡 몇십 년 전 음식 잡지며, 요리할 때 쓰던 노트를 모아두고 있습니다. 시간이 지나면서 점점 바래는 오래된 서적과 노트는 한 권 한 권 커버를 씌워 상자 안에 보관하고 있습니다. 아마 호호백발 할머니가 되어서 꺼내 보면 빙긋 웃음이 날 시간의 기록이 될 테니까요. 소품 하나하나는 물론 누구라도 그녀의 공간에 들어서면 그녀가 꽤나 요리에 관심이 많다는 것쯤은 짐작할 수 있습니다. 벽면 전체에 짜 넣은 그릇 수납장이며 부엌 가운데 길고 커다랗게 짜 넣은 아일랜드 식탁, 그리고 수납장도 모자라 선반과 방 구석구석에 진열해 놓은 그릇들은 그녀가 무엇에 반해 있는지 보여주니까요.

벽면 전체에 짜 넣은 그릇장. 엄마에게 물려받은 그릇과
그녀가 틈틈이 모은 그릇을 합쳤더니 엄청난 양이 되었다.

남편이 어릴 때부터 살던 집을 고쳤다. 낡은 페치카는 그대로 둬서 추억을 흐트러뜨리지 않았다.

그녀는 오래된 것을 고이 간직한다. 보물처럼 간직하고 있는 옛날 음식 잡지처럼.

그릇 수납이 최대 과제였던 그녀의 부엌

그릇들은 일본에서부터 이고 지고 온 것이 많습니다.

"일본에 살 때 아리타라는 고장에 살았는데, 도자기가 유명한 곳이었어요. 엄마는 도자기 가게를 한 번씩 방문하고 오시면 차 트렁크에 가득 그릇을 담아 오곤 하셨어요."

그렇게 엄마에게 물려받은 그릇과 그녀가 틈틈이 모은 그릇들을 풀어놓으니 한 짐이 되었습니다. 2002년 일본 생활을 마치고 서울에 들어오면서 남편이 어릴 적부터 나고 자란 집에 살림들을 풀어놓기 시작했습니다. 오래된 집을 개조해 지금은 말쑥한 모양을 하고 있지만, 당시 사용하고 있던 페치카를 그대로 가져오는 등 옛집의 온기를 담아두었습니다.

"개조하면서 주방가구는 실용적인 브랜드 제품으로 질리지 않는 화이트 컬러를 선택했어요. 소재는 가장 사용이 편한 하이글로시로 선택했고요."

그릇이며 주방 도구의 색깔이 다양하다 보니 부엌가구는 아무래도 흰색이 나을 성싶었습니다. 세상에는 수많은 색이 있지만, 이런저런 다양한 부엌가구 디자인을 시도해 보고 싶은 욕심도 있었지만, 오래오래 질리지 않고 유행을 타지 않는 가구가 필요했으니까요. 부엌 설계의 포인트는 많은 그릇의 수납을 어떻게 해결하느냐 하는 문제였습니다. 일본요리연구가이자 푸드 스타일리스트이기도 한 그녀는 패브릭이며 부엌 소품들도 넘쳐났기에 부엌장은 물론 보조 수납장, 오픈형 수납 선반, 빌트인장까지 공간 구석구석을 수납을 위해 총동원해 사용하고 있습니다. 과연 이 많은 그릇과 소품 중에서 필요한 것들을 딱딱 찾아 쓸 수 있을까 싶지만 커트러리와 일본식 그릇, 한국 도자기, 패브릭 등 종류별로 분류를 잘 해두었기 때문에 크게 헤매는 일은 없다는군요.

부엌 옆 건식 화장실 벽면을
책장으로 꾸몄다. 틈틈이 보고 공부하는
잡지와 요리책들이 가득하다.

일본 유학 시절 먹었던 음식 사진을 꼼꼼하게 붙여
기록하고 공부했던 노트. 추억과 열정이 담긴 기록이다.

수납장마다 그녀가 모은 그릇이 빼곡하다.

그녀는 요리하는 것만큼이나 음식을 담아내는 것이 즐겁다.
똑같은 음식이라도 담음새에 따라 음식의 격이 달라지기 때문이다.

그릇과 푸드 스타일링에 매혹되다

그릇을 이렇게까지 사랑하게 된 데는 요리를 좋아하는 것은 물론, 음식을 어떻게 담아내는지에 대해 지대한 관심이 있기 때문입니다. 특히 일본 음식을 오랫동안 접해 오고 공부해 온 그녀는 일본 음식문화 특유의 시각적인 아름다움에 대한 관심이 큽니다.

일본 요리는 재료의 맛을 최대한 살리는 것을 중요시해서 재료의 형태가 그대로 살아 있는 경우가 많습니다. 우리 음식처럼 붉은색이 도는 음식이 별로 없다 보니 음식 안에 다양한 색감이 있고, 그에 맞추어 그릇의 색감이며 모양도 다양하게 선택할 수 있습니다. 한 그릇의 음식에 계절감을 나타내는 것도 중요하게 생각하니 자연스럽게 스타일링을 생각하지 않을 수 없습니다.

이때 그릇이 중요한 역할을 합니다. 음식을 담아내는 모양도 중요하지만 어떤 형태와 색감의 식기에 어떤 사이즈로 담는지가 똑같은 음식이라도 전혀 다른 느낌을 줄 수 있으니까요.

자주 해먹는 메밀소바를 담아낼 때도 몇 개의 그릇을 식탁에 펼쳐놓습니다. 그리고 잠시 오늘의 주인공이 될 녀석을 심사하기 시작하죠. 청량한 느낌이 필요한 더운 날에는 푸른빛이 도는 그릇을 택해 얼음을 갈아서 깔고 잘 삶은 메밀소면을 동글게 말아 올린 후 베란다에 있는 식물 '남천'의 잎을 한두 장 따옵니다. 푸른 잎을 그 위에 얹고 강판에 간 무를 초록하니 봉오리를 만들어 곁에 둡니다. 소스는 작은 종지에 담아내고요. 이렇게 그녀의 손길이 몇 번 가면 웬만한 고급 레스토랑 못지 않게 근사하게 세팅된 음식이 식탁에 차려집니다. 손님에게 커피 한잔을 낼 때도 그날과 가장 잘 어울리는 컵을 골라 음료를 담고 작은 종지에 초콜릿 한두 개를 담아냅니다. 식탁에 물 한잔도 턱 하니 투박하게 내는 일이 없습니다. 아주 조금만 신경쓰면 물 한잔을 마시더라도 상대방의 기분이 '맑음'이 될 수 있다는 걸 알기 때문입니다.

제 2의 부엌, 캠핑지 주방

부엌에서 온통 시간 가는 줄 몰라 하던 그녀가 몇 년 전부터 또 다른 재미에 푹 빠졌습니다. 바로 캠핑입니다. 캠핑지에 가서도 그녀는 요리하는 손을 놓지 못합니다. 캠핑지에서 차린 부엌은 또 다른 싱싱한 맛이 있습니다.

"아이들을 위해 시작한 캠핑이었어요. 자연에서 놀잇감을 찾아 흙투성이가 되도록 뛰어노는 아이들을 보는 게 즐거웠는데, 한두 번 가다 보니 제가 쏙 빠지게 되더라고요."

캠핑 떠나는 주말을 기다리며 음식 재료를 손질하는 동안 소풍을 기다리는 아이처럼 설레기만 합니다.

"집에서 하는 요리와는 또 다르게 자연 속에서 이웃들과 담소를 즐기며 나눠 먹는 음식은 훨씬 맛있어요. 그리고 산지에서 직접 재료를 구해 요리할 수 있으

그녀가 모으고 있는 일본 젓가락받침. 이런 작은 소품들은
상차림 연출에 멋진 포인트가 된다. 잃어버리기 쉬운 작은 소품들은
재활용 박스를 활용해서 스타일별로 정리해두었다.

니 생동감이 넘치고요. 얼마 전에는 옛날에나 먹어봤던 채소 '컴프리'를 발견하고는 바로 따서 전으로 부쳐 먹었어요."

캠핑 요리를 하면서 그녀가 발견한 기특한 주방도구가 있습니다. 바로 '마이크로 더치 오븐'입니다.

"캠핑에서 사용하는 더치 오븐은 열이 골고루 전달되고 자체의 무게로 압력이 생겨 물과 기름 없이도 맛있게 조리할 수 있어요. 마이크로 더치 오븐은 이름처럼 아주 작은 무쇠 용기예요. 무쇠솥의 철분과 압력으로 인해 음식 조리할 때 맛이 좋아진답니다. 작은 무쇠 용기는 캠핑용 도구지만 집에서도 자주 애용해요. 꼭 캠핑장의 모닥불이 아니어도, 부엌의 가스레인지 위에서 사용해도 맛이 색다르죠. 통마늘 튀김을 해 먹거나 김치볶음밥을 해 먹으면 프라이팬에서 해 먹는 것과는 전혀 다른 차원의 맛이 나요. 누룽지나 달걀프라이를 해 먹기에도 좋아요. 무쇠 관리를 어렵게 생각하시는데, 불에 올려 키친 타월로 닦고 기름칠을 해서 보관하면 돼요."

대학교에서 학생들 가르치랴, 새로 시작한 외식사업의 CEO로 활동하랴, 각종 매체의 화보 촬영하랴 도저히 한 사람이 다 해낼 수 없을 만큼 바쁜 스케줄의 그녀지만 한 번도 쫓기듯 피곤해 보이지 않는 것은 그 바쁜 사이에도 자연을 즐기다 올 여유를 갖기 때문은 아닐까 싶습니다. 그녀는 그릇 욕심만 많은 것이 아니라 맛있는 것, 멋있는 것에 관해서라면 화수분 같은 욕심과 열정을 갖고 있는 사람이었네요.

집에서도, 캠핑지에서도 유용한 마이크로 더치 오븐.

일본 음식을 손쉽게 하는 만능 조미간장, 쓰유

쓰유 만들기

쓰유는 일본 음식에서 빼놓을 수 없는 만능 조미간장입니다.
다시마, 표고버섯, 양파를 넣고 끓이다가 가쓰오부시를 넣고 일본간장을 넣은 후 약한 불에서 끓여요. 다 끓으면 가쓰오부시를 한 번 더 넣어줘 향을 살린 후 간장만 걸러내면 완성이에요. 쓰유는 한번 만들어 두면 우동이나 맑은 국물요리, 조림, 국수 등의 요리에 다양하게 쓰인답니다.

쓰유 활용하기

쓰유에 식초, 올리브유 또는 포도씨유만 섞으면 드레싱으로 쓸 수도 있고, 희석해서 밥 지을 때 넣으면 버섯솥밥 등 솥밥류를 맛있게 만들 수 있고, 유부초밥의 유부를 조릴 때도 사용할 수 있어요. 밥을 지을 때는 쌀 3컵일 때 4큰술(1/4컵) 정도 비율로 넣으면 간이 된 맛있는 밥을 지을 수 있어요.
쓰유만 만들어 두면 슴슴한 메밀국수가 생각날 때도 빨리 만들어 먹을 수 있어요. 얼음을 빙수 얼음처럼 갈아 삶은 면에 올린 후 고추냉이와 간 무를 올리면 되죠. 쓰유 소스는 따로 내어 취향에 따라 뿌려 먹도록 하세요.

싱글과 신혼을 위한 카페 스타일 작은 부엌

푸드 스타일리스트: 이현지

일본핫토리영양학교에서 공부하고 돌아와 푸드 스타일리스트와 요리연구가로 활동하고 있는 이현지씨. 서른의 청춘은 어느 봄날, 동네 느낌이 살아 있는 골목들을 샅샅이 뒤지고 다녔습니다. 그녀만의 작은 부엌 하나를 갖고 싶어서요.

일본에서부터 지고 온 그릇과 부엌 살림들을 모두 펼쳐놓고 종일 부엌놀이를 할 만한 장소, 사람이 너무 복작대지 않으면서도 동네 사람들이 슬금슬금 들를 수 있는 곳, 그래서 자신이 만든 음식을 맛나게 먹고 잠시 쉬다 갈 수 있고 실험실처럼 날마다 새로운 음식을 창조하는 곳. 그런 작은 부엌 작업실을 찾기 시

작했습니다. 그렇게 찾은 동교동 주택가의 작은 작업실. 꽃집이었던 자리에 있는 거라곤 작고 허름한 싱크대 하나뿐이었습니다.

가벽을 활용한 한 평 부엌의 꿈

큼직한 아일랜드에 2m짜리 식탁, 햇볕이 들어오는 커다란 창에 널찍한 조리대와 개수대, 그리고 그릇장까지 있는 넓디넓은 부엌이 로망이라면 현실은 겨우 몸 하나 비비적댈 정도로 좁습니다. 하지만 사이즈가 문제는 아니죠. 작은 부엌도 구석구석 손보면 아기자기한 맛을 낼 수 있으니까요.

멋진 인테리어디자인팀에 잡지 속 부엌처럼 시공을 부탁하고 싶은 마음도 굴뚝같았지만, 우선 수중의 금전 상황을 생각해 그녀는 홍대 DIY 목공 작업실이 모여 있는 거리를 찾아갔습니다. 그중에 가구 만드는 솜씨가 가장 좋아 보이는 아저씨께 부엌 전체 목공 작업을 부탁했고요. 일본에서 오래 공부하면서 본 작은 부엌들처럼 작지만 나무 냄새가 폴폴 나는 따뜻한 느낌의 부엌을 만들고 싶었거든요.

"전에 이 작업실에 있던 살림살이라고는 작은 싱크대 하나가 전부였어요. 부엌가구를 들이기보다는 홍대 DIY 가구 가게의 목공을 하시는 분께 부탁해 필요한 모양새를 잡아가기 시작했어요. 우선 개수대가 있던 자리를 그대로 두고 ㄷ자 형태로 조리대를 만들었어요. 아일랜드 테이블까지 만들기에는 공간이 부족해 조리대 앞쪽에 기다란 나무 선반을 달아 테이블로 쓸 수 있게 했어요. 마주 보고 식사할 수는 없지만 나란히 앉아 간단한 식사를 하기에는 충분해요.

조리대 앞에는 가벽을 세워 부엌의 자질구레한 물품들이 보이지 않게 했어요. 상부장을 달지 않고 오픈 수납장에 그릇을 두었는데 부엌 조리대까지 노출되면 시각적으로 너무 산만하겠다 싶었거든요. 대신 예쁜 소품들을 선반이나 부

벽 한 귀퉁이에 싱크대뿐이었던 작은 부엌을 ㄷ자형 구조로 확장했다.

공간 활용을 위해 책장은 벽면에 달고, 책장 아래에 차를 즐길 수 있는 티테이블 공간을 마련했다.

엌 테이블에 두어서 작지만 아기자기한 느낌이 나게 연출하고 싶었어요."

가벽은 조리할 때 늘어놓게 되는 물건들을 가려주고, 가벽을 경계 삼아 작은 테이블을 둘 수 있습니다. 또한 가벽에 음식 사진이나 메모 등을 붙여 두는 등 벽을 활용할 수 있는 장점도 있고요. 원룸이나 작은 집의 1인 부엌 또는 두 사람이 사는 신혼의 부엌이라면 그녀의 작업실처럼 가벽을 세워 조리대와 바 형태의 식탁이 분리되는 카페 스타일 부엌을 꾸며봐도 좋겠다 싶었습니다. 이렇게 목공 공사를 하게 되면 가지고 있는 부엌 가전제품이나 가구에 맞게 효율적인 구성을 할 수 있어 좋습니다. 말 그대로 코딱지만 한 부엌이지만 전기레인지와 오븐은 물론, 요리 좋아하는 여자의 수많은 조리도구까지 꽉 차게 들어가 있습니다. 답답해 보이지 않게 상부장은 오픈해 예쁜 그릇과 냄비를 놓고 자질구레한 수납용품들은 하부장에 두었습니다.

부엌일을 즐겁게 하는 부엌 소품들

기본공사를 끝내고 부엌 꾸미기에 들어갔습니다. 아기자기하게 꾸미는 것이 취미인지라 부엌용품들을 수납장 안에 다 넣어두기보다는 작은 소품들을 선반 위에 잘 진열해 두기로 했습니다. 과하면 자칫 지저분해 보일 수 있지만, 오히려 나무로 짠 부엌에는 자연스럽게 늘어 놓아도 따뜻하고 정겨운 느낌이드니까요.

일본 사람들이 많이 쓰는 나무 그릇이 선반에는 가득합니다.

"가볍고 깨질 염려 적고 환경호르몬 걱정 없는, 게다가 모양과 색감까지 따뜻한 나무 그릇들을 좋아해요. 단 한 가지 어려움이라면 관리 문제인데요. 나무 식기의 가장 큰 적은 곰팡이거든요. 씻을 때 거친 수세미보다 행주나 부드러운 소재로 닦아 흠집을 내지 않도록 하며 가능한 한 물에 장시간 담가두지 않아야 해요. 씻은 후에는 바로 마른행주로 물기를 닦고 직사광선을 피해 보관하면 곰

작지만 필요한 모든 것을 다 갖춘 그녀의 부엌.

팡이가 생기지 않고 오래 사용할 수 있어요. 관리는 조금 신경써야 하지만 가볍고 단단하고 따뜻한 느낌을 생각하면 좋은 점이 훨씬 많아요."

행주 하나를 걸어놓을 때도 신경을 씁니다.

"행주는 무인양품에서 구입한 행주걸이에 걸어 둬요. 요리할 때도 신나지만 요리를 끝내고 부엌을 치우고 깨끗이 빨아 행주를 널고 그 행주가 보송보송 마르는 걸 볼 때도 참 좋거든요. 이왕이면 너저분하게 싱크대 위에 행주를 늘어놓는 것보다는 예쁜 걸이에 걸어두면 기분이 좋아지니까요."

하루의 가장 긴 시간을 부엌에서 있어야 하니 시각적인 것은 물론 귀를 즐겁게 하는 오디오도 부엌의 중요한 요소입니다.

"언제나 음악을 들을 수 있게 오디오를 두려고 찾다가 미니멀한 디자인의 아이팟 오디오가 눈에 띄더라고요. 나무 색감과 화이트 색감이 가장 깔끔한 조합인 것 같아요. 테이블 위에 올려두면 인테리어 효과도 있고, 식사를 하면서도 늘 음악을 들을 수 있어서 좋아요."

그녀의 부엌에서는 늘 그녀가 선곡해 담아 놓은 음악이 흘러나옵니다. 자칫 요리를 하다가 스트레스를 받을 수 있는 좁은 공간이지만 좋아하는 음악이 흘러나오고 햇볕이 깊숙이 들어와 주니 흥얼흥얼 콧노래가 납니다.

작은 부엌이 답답해 보일까 봐 모든 물건을 보이지 않게 수납하기보다는 오히려 예쁜 소품들을 비롯해 자주 쓰는 물건들은 내놓고 사용한다. 보이는 수납을 하면서도 산만해 보이지 않게 하려면 자주자주 정돈해 줘야 한다.

SUGAR
COFFEE
TEA

중고 사이트를 이용해 구입한 조명과 테이블

빛을 더욱 부드럽게 퍼뜨리는 나무 소재의 펜던트 조명은 그 자체만으로도 따뜻한 느낌을 냅니다. 이런 조명은 어디서 구하나 궁금해집니다.

"조명과 테이블, 의자 등은 문 닫는 카페에서 처분하는 중고를 저렴한 가격에 구했어요. 중고 사이트에 자주 드나들면서 괜찮은 물건이 없는지 수시로 봐둬요. 이 물건이다 싶으면 꾸물대지 않고 주문해요. 조명이나 테이블 등은 새로 구입하려면 비용이 만만치 않은데 중고 사이트를 적절히 이용하면 꽤 좋은 물건을 저렴한 가격에 구입할 수 있어요."

최소한의 경비로 작업실을 꾸몄지만 있을 건 다 있습니다.

작업실 한쪽에는 메뉴와 스타일링을 연구하는 한 평 공간, 책상과 책장이 있습니다. 일본 요리책과 잡지, 외국 음식 잡지 수집도 그녀의 취미입니다. 보는 것만으로도 배부른 음식 관련 책들과 잡지들은 빈 벽에 책장을 짜 넣어 수납했습니다. 좁은 공간일수록 공간 활용을 잘해야 하기에 아래로는 차 관련 제품들을 모아 둔 수납 테이블을 두고, 그 위에 책장을 짜 넣었지요. 차를 마시며 책을 읽기 좋은 공간이기도 하고, 자신이 일하는 동안 친구가 찾아와서 빈둥거리며 놀기에도 썩 괜찮은 공간입니다. 리넨 천으로 커튼을 만들어 작은 홀 공간과는 분리된 아주 사적인 공간을 만들었고요. 작업을 하다가 쉬고 싶을 때 온전히 숨어들 수 있는 곳 말입니다.

이렇게 숨어들 듯 찾아든 연남동 어느 한적한 골목길에서 오늘도 서른의 꿈은 모락모락 맛있는 냄새를 피워갑니다.

부엌 조리대 앞으로 세운 가벽에 길고 좁은 나무 선반을
덧대어 테이블로 이용한다. 굳이 덩치 큰 테이블을
놓지 않아도 싱글이나 신혼의 집이라면
간단히 식사를 하거나 차를 마시기에 부족함이 없다.

심심한 공간을 꾸미는 간단한 방법

부엌 공간이 밋밋한가요? 개성이 없고 심심하게 느껴지나요? 여기 이현지씨의 작은 부엌에서
찾은 재치 있는 데코 아이디어를 참고해 보세요.

벽면에 음식 사진

인테리어 효과를 주기도 하지만 요리에 대한 애정지수를 팍팍 올려주는 음식 사진
들을 매일매일 바라볼 수 있게 벽면에 붙여 두었어요. 사랑하는 그녀의 강아지 봉구
사진과 함께요. 포인트는 예쁜 데코 테이프로 붙이는 데 있답니다.

예쁜 캔에 담긴 식물

디자인이나 일러스트가 예쁜 캔을 활용한 화분을 두세
요. 부엌에 식물을 두면 푸른 색감이 생기를 주어서 좋
아요. 허브 종류를 두면 요리에도 활용할 수 있어 좋지
만 햇볕이 잘 들고 바람이 통하는 창이 없으면 잘 살
지 못하니 실내 어디서나 잘 자라는 관엽식물이 좋아요.

나란히 두면 예쁜 양념통

자주 쓰는 도구들은 예쁜 스틸 케이스에 꽂아두고 씁니
다. 속이 잘 보이는 유리병에는 양념들을 담아두고요.

식탁 분위기 살리는 패브릭

스타일링을 하면서 가장 많이 활용하게 되는 소품은 매
트나 테이블클로스 같은 패브릭 제품들입니다. 식탁의
분위기를 간단히 바꿔줄 수 있기 때문이죠.
작은 찻잔 받침들도 그녀가 모으기 좋아하는 아이템입
니다. 아무래도 식사보다는 차 대접을 하는 경우가 많기
때문에 차 관련 제품들을 다양하게 갖춰 놓으면 그럴듯
한 티테이블을 차려낼 수 있기 때문입니다. 작은 티매트
는 눈에 띄는 제품이 있을 때마다 사두는 편입니다. 날
이 쌀쌀해질 때면 펠트 소재와 손맛 나는 뜨개질 제품
들이 보는 사람 마음까지 따뜻하게 해줘서 좋습니다.

나의 부엌 살림법

natural

구석구석 자연스럽게 검소한 살림법이 배어 나옵니다.
오랜 세월 궁리하고 생각하며 더 지혜롭게,
자연에 폐 안 끼치고 살림하려는 그녀의 마음이 부엌 곳곳에서 드러납니다.

…5년간 진두지휘했던 레스토랑 부엌 대신
살림집 부엌을 꿰차고 들어앉게 된
그녀는 이제야 비로소 살림하는 엄마의 자세로
요리에 임하게 되었습니다…

_신경숙의 부엌

친환경 살림 고수의 무명으로 옷 입힌 부엌

공예작가: 황정자

"궁리를 하면 보이죠."

좁은 집은 물건을 마땅히 놓을 공간이 없다 보니 여기저기 늘어져 있기 일쑤입니다. 그래서 작은 집일수록 살림 솜씨가 빛을 발하죠. 그 작은 공간 안에 어떻게 궁리를 해서 수납을 하고 정돈을 하고 모양새나게 살림을 할 것인가, 황정자씨의 오래된 아파트에 들어서면 아하, 궁리하면 이렇게 답이 나오는구나 싶습니다.

나이 들수록, 시간이 귀해질수록 하고 싶은 일들이 더 새록새록하다는 황정

자씨는 통영요리연구가이자 무명, 모시, 한지 등 다양한 소재로 생활용품을 만드는 공예작가입니다.

다양한 재료로 작업을 하고 있지만 가장 좋아하는 것은 무명입니다. 소박하고 담백한 멋, 해어지고 닳고 언젠가 썩는 멋이 있고, 보기 좋을 뿐만 아니라 자연에 해가 되지 않는 살림살이라는 점에서 그녀의 살림 철학에 꼭 맞기 때문입니다. 그런 까닭에 작은 집 곳곳에는 무명천들이 가득합니다. 오래되고 작은 집이 정갈한 아름다움을 가지고 있는 것은 그녀가 사랑하는 이 무명 덕이기도 합니다.

10평대의 오래된 아파트의 부엌이 무명을 입다

오래된 복도식 아파트 구조가 그렇듯이 입구로 들어서자마자 일자 형태의 부엌이 나옵니다. 부엌은 오래된 아파트의 허름한 모습 그대로입니다. 아름다운 것은 좋아하지만 부러 아직 충분히 쓸 만한 것들을 내다버려 쓰레기 만드는 것을 싫어하는 그녀는 이 부엌을 뜯어고치지는 않았습니다. 형태는 그대로 두되 그것을 정갈하고 아름답게 사용하기 위해 궁리하는 게 그녀 몫이니까요.

일자형 부엌의 양편으로 무명옷을 입은 살림살이들이 보입니다. 키친타월, 앙증맞은 빗자루, 싱크대 찬장의 유리문, 작은 식탁이 붙어 있는 벽, 그 벽에 걸린 식탁 냅킨, 냉장고에 기대고 싱크대 위에 서 있는 얇은 도마, 이 모든 것이 말끔한 무명에 싸인 채 조용히 멋을 부리고 있습니다.

부엌 크기라야 조그마해서 살림을 늘어놓고 요리할 형편은 못됩니다. 거기에 양문형 냉장고 하나 들어서면 부엌은 다른 살림살이 놓을 자리도 없이 꽉 차죠. 그러니 과감히 없앨 것은 없애고, 부엌살림에 꼭 필요한 것들만 자리 배치를 합니다.

20년 넘게 쓴 손때 묻은 재봉틀과 가위, 자 등
바느질 도구들로 솜씨를 부린다. 수저, 도마, 유리병 뚜껑,
빗자루 등에 아름다운 무명옷을 입혔다.

tools *for* kitchens

부엌 옆 황정자씨의 작은 작업실에는 무명천이 차곡차곡 정리돼 있다. 색깔 있는 것은 왼쪽, 색깔 없는 것은 오른쪽이다.

싱크대 찬장의 손잡이에 예쁜 수를 놓은 무명옷을 입혔다. 유리로 된 찬장 문에도 무명옷을 입혀 속이 보이지 않도록 가렸다.

작은 공간을 크게 쓰고 있는 황정자씨의 비결은 정리와 효율적인 수납, 그리고 과하지 않게 갖춘 살림도구에 있었습니다. '사람과 연장은 있는 대로 쓰인다'는 옛말을 익히 알고 있는 그녀는 없으면 쓰지 않아도 된다는 역발상의 지혜를 발휘하고 있는 듯합니다. 큰 집 살림을 할 때에도 찻잔과 그릇, 조리기구들까지 싱크대와 찬장에 일일이 정리해 보관했다고 하네요.

"정리는 새로운 에너지의 원천이에요. 정리돼 있지 않은 모든 공간에서는 다음 일의 시작이 기분 좋게 이루어지지 않기 때문에 결국 에너지를 소모하게 되거든요."

그래서 부엌에서 사용한 물건들은 모두 수납장 안으로 들어갑니다. 깔끔하게 정리돼 있어야 작은 집이 답답하지 않기 때문이지요. 그릇을 넣어두는 찬장 유리 문짝은 무명 덮개로 가려두었습니다. 꽃무늬 자수를 수놓은 무명천은 속에 수납된 그릇을 가려주면서 부엌을 한결 단아하게 만듭니다. 찬장 손잡이에도 앙증맞은 무명 덮개를 씌워두었습니다. 둘러보니 도마, 칼, 수저 등 부엌에 있는 물건 모두에 집이 있습니다. 무명으로 옷을 해 입히면 부엌이 흰색으로 통일되어 깔끔하고 넓어 보이며, 물건도 조심스레 오래 쓰게 된다는군요.

"집 안에 먼지가 얼마나 많아요. 사람이 드나드는 곳에는 늘 보이지 않는 먼지가 쌓이죠. 이렇게 옷을 입혀 두면 한 번씩 걷어서 빨아주면 되니까, 살림을 한결 깨끗하게 쓸 수 있고 오래 쓸 수 있어요. 먼지는 공기와 함께하기 때문에 완벽하게 피할 길이 없지만, 그래도 최소한의 방법은 무엇인가로 덮는 거예요. 친정어머니는 전화기까지 옷을 입혀 사용하셨는데, 10년이 지나도 새것 같았거든요. 사람이 살지 않는 집이 맥없이 허물어지는 이유 중 하나가 쌓이는 먼지 때문이 아닌가 싶어요."

무명은 그녀가 좋아할 수밖에 없는 천입니다.

"첫째로 세탁할수록 깨끗한 모습을 유지하며, 둘째로 어떠한 가구와도 색상 조화에 무리가 없고, 있는 듯 없는 듯 제 자리를 지킬 줄 아는 매력이 있지요. 셋째로 수명을 다할 때는 썩어 흔적을 남기지 않아 환경에 피해를 주지 않고, 넷째로 우리 고유의 천이어서인지 볼수록 정감이 가지요. 저는 무명을 음악에 비유하면 클래식이라고 서슴없이 표현합니다. 아무리 들어도 싫증나지 않는, 오히려 더 빠지게 되는 클래식 같아요."

부엌 옆 작은 방이 그녀의 작업실입니다. 좋아할 수밖에 없는 무명천을 가지고 노는 곳이기도 합니다. 스무 해는 넘게 쓴 낡은 재봉틀 한 대와 작업대, 그리고 켜켜이 쌓아둔 무명천 수납장이 있습니다. 그곳에서 그녀의 손이 바지런히 움직이면 뚝딱, 살림살이에 어울리는 어여쁜 옷들이 탄생합니다. 2010년에는 인사동에서 무명으로 만든 작품들로 개인전까지 가졌습니다.

냄새 줄이고 한눈에 찾기 쉬운 냉장고 정리

이 무명들은 냉장고 안에서도 진가를 발휘하고 있습니다. 진짜 살림꾼인가 아닌가를 보려면 그 집 화장실보다 냉장고를 들여다보는 편이 정확합니다. 냉장고란 안주인이 아니고서야 손님이 함부로 열어젖힐 수 없는 성역인 만큼 긴장이 어느 정도 풀어지는 공간이니까요. 누가 들여다보는 것도 아니고, 매일매일 쓰고 남은 음식 재료들이 쌓이고 언제 먹을지 모를 식재료들을 차곡차곡 모아두는 공간이다 보니 얼마간 방치해 두기 시작하면 차마 눈 뜨고 볼 수 없는 형국이 되는 건 시간문제입니다. 그래서 냉장고는 살림 고수의 실력이 여실히 드러나 보이는 공간이기도 합니다.

너무 꽉 차서 냉장 효율이 떨어지는 일이 없도록 적당히 비워두는 것도 중요한 원칙입니다. 적당히 비워두려면 버릴 수 있는 것들은 모두 버려야 합니다. 아

냉장고 속을 보니 그녀를 진짜 살림꾼으로 인정하지 않을 수 없다. 모든 식재료가 가지런히 정리돼 깨끗한 무명옷을 입고 있다.

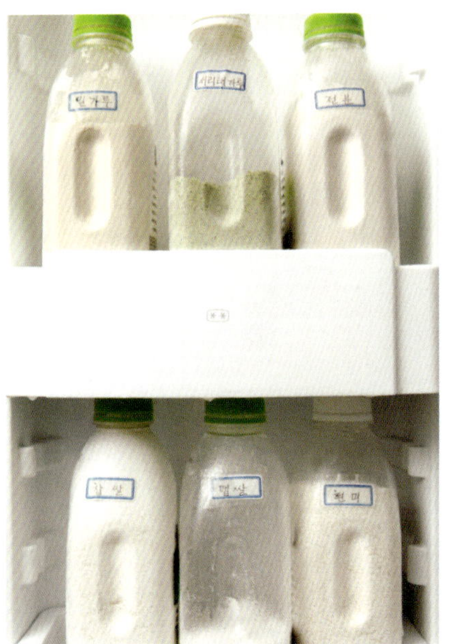

까워서 넣어두었다가 고스란히 음식물 쓰레기로 반출되어 나오는 일이 얼마나 많은지를 생각하면 남은 음식을 구겨 넣기 전 과감한 선택과 결정이 필요합니다. 황정자씨의 냉장고 안을 열어보니 여기서도 눈에 띄는 것이 하얀 무명입니다. 음식이나 식재료를 담아둔 유리병 뚜껑은 곱게 바느질한 무명천으로 감싸주어 냉장고 속이 단정하게 정리돼 보입니다. 냉장고 칸칸이 끼워진 유리 선반에도 무명 매트를 깔아놓았습니다.

"유리 선반에 레이스와 자수로 장식한 무명 매트를 놓았어요. 매트는 세월이 지나면 상처 나게 마련인 유리가 냉장고의 수명이 다할 때까지 새것처럼 남아 있게 하고, 냄새의 주범인 습기를 흡수하는 역할을 하죠. 냉동고도 마찬가지로 무명 매트를 깔았고, 냉동고라 유리병 대신 플라스틱 병을 수납용기로 썼어요. 흑임자, 통깨, 거피깨, 고춧가루, 실고추, 고추씨, 콩가루 등 각자 이름을 병뚜껑에 붙였어요. 양념통과 반찬통의 뚜껑에도 덮개를 씌우면 보기 좋을 뿐만 아니라 냄새를 줄일 수 있어요. 병뚜껑보다 조금 크게 천을 준비하고 뚜껑 크기를 따라 실고무줄을 박아요."

각각의 재료를 담은 페트병과 유리병에는 이름을 써 두었습니다.

"냉장고를 열어놓고 한참을 찾지 않도록 가장 눈에 띄는 병뚜껑이나 반찬통 뚜껑 위에 이름을 써 붙여 두지요. 나도 찾기 쉽지만 다른 가족도 쉽게 찾고 바로 냉장고 문을 닫을 수 있으니까요."

냉동실도 이리 깨끗할까 싶어 보니, 역시 가지런히 이름표를 단 봉지와 페트병들이 단정하게 들어서 있습니다. 살림을 해본 사람은 알지만 냉동실이 정리돼 있기란 쉽지 않습니다. 그나마 자주 열어 보는 냉장실은 좀 사정이 나을 수 있지만, 냉동실은 구겨 넣기 바쁜 곳이니까요. 아마 집집마다 냉동실을 뒤져보면 지난 설이나 추석에 깊숙이 넣어둔 송편이나 전이 나오는 건 일상사일 겁니다.

투명한 용기에 담아둔다 해도 이름을 써붙여
놓지 않으면 이게 밀가루인지 찹쌀가루인지 확인하느라
냉장고 문을 한참 열어두고 서 있게 된다.
이름을 붙여놓는 것 외에도 무심코 버리는 고무밴드며
비닐봉지도 종류별로 모아두는 것을 잊지 않는다.

이렇게 날짜와 이름 써 넣는 게 간단한 습관인데, 잘 못하는 경우가 많습니다. 냉장고 옆에 포스트잇과 볼펜을 달아놓으면 습관을 들이기에 수월하겠다 싶더군요. 그리고 일단 냉동고 속에 무엇이 있는지 머릿속에 정리가 안 될 정도로 많다면 과감한 구조조정이 필요합니다. 머릿속에 들어 있지 않은 재료들은 계절이 바뀌고 해가 바뀌도록 방치될 운명에 처할 것이기 때문입니다. 냉장고 속은 그렇다치고 먼지가 뽀얗게 쌓이다 못해 떡지게 되는 냉장고 위의 청소는 또 어찌할까요.

"냉장고 위에는 신문지를 덮어 둬요. 나중에 걷어낼 때 또 다른 신문지 한 장에 물을 묻혀 그 위에 덮으면 먼지 날리지 않고 걷어낼 수 있어서 좋아요."

깔끔한 성품과 부지런함이 그야말로 살림 고수입니다.

손님 상차림의 핵심, 옹기에 차려낸 통영의 맛

작은 부엌이지만 정리가 잘 된 까닭에, 그리고 요리에도 꽤 요령을 터득한지라 손님 상차리기도 겁이 안 납니다. 황정자표 손님 대접 음식 리스트가 있습니다. 먼저 커다란 둥근 옹기 접시에 큼직한 무김치와 오징어무침을 담고, 또 한 접시에는 감자샐러드와 감자전, 버섯전을 담습니다. 그리고 개인 접시에 곱게 연잎으로 만 연잎밥을 한 덩어리씩 얹어냅니다.

"연잎밥 대신 충무김밥을 곁들이기도 해요. 감자샐러드는 무겁고 텁텁한 마요네즈 소스 대신 생크림 소스로 버무려 봤더니 맛이 가볍고 고소하다고들 좋아해요. 특별히 낯설고 새로운 음식이 아니더라도 소스를 바꿔주거나 담음새만 살짝 바꿔줘도 훌륭한 접대 음식이 될 수 있어요."

유리와 옹기는 그녀가 좋아하는 그릇 소재입니다. 20년 동안 쓰던 옛날 그릇도 버리지 않고 곱게 쓰고 있지요. 투박한 멋이 있는 옹기는 자칫 무거워 보일 수 있으나 유리그릇과 함께 내면 조화를 이룹니다. 커다란 옹기그릇에 담아내면 어떤 음식도 멋스러워지는 특별한 마술이 일어납니다. 그런데 소박하면서도 우아한 멋이 나는 그릇인 것은 분명하지만 워낙 덩치 큰 옹기그릇을 늘어놓고 음식 준비를 하자면 이 작은 부엌에서는 엄두가 안 날 듯싶습니다. 하지만 열댓평 좁은 아파트 부엌에서 그녀는 뚝딱뚝딱 손님상을 차려냅니다.

요령은 이렇습니다. 손님이 오기 전에 미리 쓸 그릇과 커트러리를 주방 밖에 있는 김치냉장고 위에 모두 꺼내 놓고 나중에 완성한 음식을 담아내면 번잡스러울 것도 없습니다. 그렇게 그녀만의 정리 요령이 있어서인지 몇 사람 앉을 자리도 없는 집이라지만 좁게 느껴지지 않습니다. 손님 초대를 하면 직접 팥앙금으로 만든 양갱에 한천 푸딩 디저트까지 완벽하게 준비를 합니다.

테이블 디자인 공부를 한 황정자씨가 손님에게 내놓는 음식은 소박하면서도 대접이 소홀하지 않다는 느낌을 줍니다. 상차림까지 예사롭지 않아서 대접 받는 이들을 기분 좋게 합니다.

"우리 세대는 손님이 오면 빈 속으로는 못 보내죠. 한 끼 식사를 대접해야 마음이 편해요. 요즘은 차 대접하고 나가서 식사하지만, 우리 세대는 어릴 때부터 손님이 오면 식사 대접은 당연히 해야 하는 거였지요."

상다리 부러지게 차리지 않아도, 수수하고 검박한 상차림이어도 먹고 나면 기억에 남고 잘 대접받았다는 생각이 드는 상차림 말입니다. 그녀는 손님들 식사가 끝날 즈음, 냉동실에서 찹쌀가루를 꺼내더니 조물조물 반죽을 하고는 프라이팬에 지져냅니다. 노릇노릇 기름진 부꾸미를 순식간에 만들어내는 중입니다.

"앙금 대신 채썬 대추와 잣을 넣고 반달처럼 접은 뒤 설탕에 묻혀내면 고소하고 쫄깃한 부꾸미가 완성돼요. 커피 내리는 동안 후식으로 뚝딱 만들죠. 모시가루 섞어서도 만들고 봄에는 생쑥 넣고 치자물이나 비트 우린 물 넣으면 색색깔의 떡을 만들어 낼 수 있으니 소풍갈 때 들고 나가면 별거 아닌데 '와아~' 하고들 좋아해요."

　　이렇게 후다닥 차려낼 수 있는 것은 냉동실에 가지런히 재료들을 정리해 두었기 때문입니다. 채썬 대추나 잣은 물론이고, 항상 찹쌀가루가 준비되어 있으니 급하게 손님 찻상 차려내야 할 때도 서두를 것이 없습니다. 늘 만들어 두는 우무와 콩물도 든든한 손님 접대 식량입니다. 우무는 서울 사람들이 쉽게 먹기 어려운 재료라 특별한 느낌을 줍니다. 우무 틀에 우무를 내린 후 고소한 콩국물을 부어내기만 하면 간단한 요기로 좋고, 대접하기도 좋습니다. 콩국물과 우무는 그녀의 일상적인 건강식이기도 합니다.

한번 대접받고 나면 잊히지 않는 통영의 오징어무침과 무김치,
그리고 연잎밥. 거기에 십 분 만에 뚝딱 만들어내는
팥양갱과 부꾸미까지. 그녀의 음식을 대접받는 사람들은
특별히 거한 음식이 아닌데도 기분이 좋아진다.

친환경 살림가의 설거지

식사가 끝난 뒤 설거지를 할 때도 몸에 밴 친환경 살림가의 자세가 나옵니다. 직접 뜨개질한 아크릴 수세미로 필요한 경우에만 중성세제를 조금 묻혀 설거지를 합니다. 헹구는 물도 콸콸 틀어놓지 않고요.

"세제 거품이 부글부글 나고, 수돗물은 콸콸 틀어놓고 헹궈야 깨끗이 닦이는 것 같다고들 해요. 기분이 그런 거지, 세제도 그렇고 물도 그렇게 세게 틀어놓지 않아도 잘 헹굴 수 있어요. 저는 외할머니 밑에서 자라서 할머니한테 옛날 이야기로 살림살이를 배웠어요. 물 아껴라, 이렇게 말씀 안 하시고, '물 아껴 쓰면 용왕님이 복을 주고 불 아껴 쓰면 산신령이 복을 준다'고 이야기를 들려주시곤 했죠."

구석구석 자연스럽게 검소한 살림법이 배어나옵니다. 조리대 옆 수납장에는 마트에서 받아온 비닐봉투 하나도 반듯하게 접어 보관해 두고, 노란 고무줄도 차곡차곡 보관해 둡니다. 이렇게 해두면 꼭 필요할 때 노란 고무줄 하나 찾으려고 집안을 헤집고 다닐 일도 없고, 깨끗한 비닐봉투를 재활용해도 될 것을 매번 새것 꺼내 쓰는 일도 없으니까요. 이런 것들이 그녀에게는 자연스럽습니다.

오랜 세월 궁리하고 생각하며 더 지혜롭게, 자연에 폐 안 끼치며 살림하려는 황정자씨의 마음은 부엌 곳곳, 살림살이 곳곳에서 드러납니다.

식어도 맛있는 음식 선물, 연잎 도시락

"제가 사람들에게 주는 선물의 90%가 음식 선물이에요. 다른 선물은 잘못 고르면 상대방이 딱히 필요 없거나 취향이 맞지 않을 수가 있지만 음식 선물은 부담 없이 받을 수 있고, 함께 나눠 먹기도 해서 대부분 좋아했던 것 같아요. 연잎밥을 대나무 도시락에 넣어주기도 하고요, 충무김밥을 싸서 주기도 하고, 반찬을 만들어 주기도 하죠."
그의 냉장고에는 찹쌀, 멥쌀, 대추, 잣이 항상 준비돼 있어 냉동실의 연잎과 김, 물오징어, 그리고 김치냉장고에 늘 있는 무김치를 이용해 충무김밥과 연잎밥을 만듭니다. 이 메뉴들은 선물용으로도, 야외 도시락으로도 손색이 없습니다.

연잎 도시락 만들기

"전기밥솥에 찹쌀과 멥쌀을 7:3 비율로 섞어 밥을 지어요. 다 된 밥을 연잎에 싸서 20분간 찜통에 찌면 끝이니까 이만큼 간단한 음식도 없지요. 따뜻해도 맛있고, 식어도 찰밥이라 맛있어요. 반찬 흐를 염려도 없으니 남대문에서 파는 대나무 도시락통에 담아주면 운치도 있고 다 먹고 나서 도시락통은 수납함으로 쓸 수 있어 좋지요. 음식 선물에서는 담는 용기가 중요하죠. 도시락 선물을 할 때 칠기합에 담아 보자기로 싸서 들고 가면 어떤 선물보다 귀하게 여겨져요.
칠기합은 테이블 세팅을 배울 때 선생님께 받은 선물이에요. 바깥사돈이 병원에 있을 때 이 합에 반찬이며 음식을 해서 보내기도 했어요. 병원에 누가 아프면 돌보는 사람도, 누워 있는 사람도 제대로 못 먹기는 매한가지잖아요. 그럴 때 빛을 발하는 게 음식 선물이다 싶어요. 칠기합에 칸칸이 음식을 넣고 손수 만든 보자기에 싸서 전하면, 큰 선물이 아니어도 받는 사람 마음이 좋겠다 싶지요.
연잎밥, 충무김밥, 약식, 찹쌀부꾸미, 한천을 이용한 여러 가지 양갱(팥, 고구마, 밤, 각종 과일), 밑반찬 등이 음식 선물의 단골 메뉴입니다."

아기 키우며 밥해 먹는 엄마의 부엌

효자동 레시피: 신경숙

　　효자동 골목길의 작은 한옥 레스토랑 '레시피'에서 따뜻하고 정성스러운 요리로 꽤 많은 팬을 만든 신경숙씨는 '나는 요리를 못한다'고 합니다. 도대체 어떤 기준으로 그렇게 말하는지는 모르지만 분명한 것은 그녀의 요리는 차마 포크로 그 형태를 무너뜨리기 황송한 스타일의 요리도 아니고, 너무 위압적이어서 '너 이런 요리 먹어 봤어?' 하고 젠체하는 요리도 아닙니다. 집에서 만들어주듯 푸근한 요리, 갓 공수한 신선한 재료로 뚝딱뚝딱 정성스레 차려주는 한 끼 밥 같은 그런 요리입니다.

요리에 대한 그녀의 애정으로 똘똘 뭉친 한옥 레스토랑 레시피는 가정집 같은 부엌을 가지고 있습니다. 레스토랑 부엌이라고 하기에는 지극히 가정용이지요. 4구짜리 가스레인지에서부터 손님들과 대면하게 놓인 아일랜드 조리대까지. 게다가 작은 개수대나 가정용 오븐기, 수납장의 크기 등을 보면 이곳에서 풀코스 식사를 준비해 낸다는 게 마술에 가까울 정도입니다.

그저 따뜻한 집 부엌을 생각하며 동선을 짜고 가구를 들였기 때문에 레시피의 부엌은 그대로 집으로 옮겨갈 수도 있을 듯합니다. 그래서 레스토랑을 찾은 손님들은 식사가 나오기까지 아일랜드 주변을 서성이며 부엌 구경을 하고, 음식을 준비하는 주인장과 이런저런 수다를 떱니다. 마치 친구 집에 초대된 사람들처럼요.

한옥 서까래와 잘 어울리는 화이트의 주방

레시피 부엌의 전체적인 색감을 정할 때 고려했던 것은 한옥 나무 마감재들. 흰색이 자칫 가볍게 보일 수 있지만, 나무의 색과 가장 잘 어울리기로 흰색만 한 게 없다는 생각에 부엌가구는 전체적으로 흰색으로 짜 넣었습니다. 부엌 벽은 회색 톤 타일을 깔아 포인트를 주었고요.

원래의 부엌 공간은 아주 작아서 가스레인지와 오븐을 넣고 나니 조리할 수 있는 공간이 아예 없었습니다. 그래서 조리대 앞으로 커다란 아일랜드를 짜 넣었습니다. 아일랜드 앞쪽에는 의자를 두고 식사할 수 있도록 디자인했다가, 수납 공간이 더 필요해 선반과 문짝을 달아 수납장으로 활용하고 있습니다. 부엌 옆면에도 수납장을 짜 넣어 그릇과 와인잔 등을 수납하고 있습니다. 작은 부엌일수록 이것저것 꺼내 늘어놓고 사용하기보다는 수납장 속에 잘 정리해 두는 편이 낫습니다.

한옥 레스토랑 레시피의 부엌. 원래의 싱크대 공간이
너무 좁아 커다란 아일랜드를 추가로 짜 넣었다.

조명은 간접조명과 레일을 단 작은 갤러리 조명을 이용해 따뜻한 느낌을 강조했습니다. 마치 공연 무대에서 요리를 하는 것처럼 은은한 노란빛이 아일랜드 조리대 위로 떨어집니다. 요리하는 사람도, 식사를 하는 사람도 훨씬 정감 있는 식사시간을 즐길 수 있게 됩니다.

5년의 시간이 차곡차곡 쌓인 효자동의 부엌을 그녀는 잠시 떠나 있습니다. 오래 기다려 온 아기가 생겼고, 지금은 모든 공력을 아기 키우는 데 쏟고 있기 때문입니다.

어느덧 돌이 지난 아기가 온통 헤집고 다니는 그녀의 집으로 찾아갔습니다. 가구도 단출하고 늘어놓는 살림살이 하나 없이, 깔끔했던 그녀의 집은 아기가 생긴 이후 조금 '인간적'으로 바뀌었습니다. 그림책과 장난감도 늘어져 있고, 아기가 손으로 으깨고 조물딱거린 채소들도 널려 있습니다. 이런 풍경은 오랫동안 그녀가 기다려 온 장면이기도 합니다. 아기를 갖기 위해 효자동의 레시피는 긴긴 방학에 들어갔고, 간절한 바람대로 마흔둘에 첫 아기 준영이를 갖게 되었으니까요.

아기 키우는 집은 늘 전쟁터를 방불케 한다는데 그 와중에도 정갈하게 살림을 하고 있는 비법이 궁금합니다. 살림의 리얼 현장인 부엌도 그럴까 싶어 슬쩍 들여다봅니다. 새로 이사 온 집에서 아기를 낳아 기르다 보니 원하는 모양으로 부엌 공사를 할 여유 같은 건 없었습니다. 그저 ㄱ자의 부엌에 큰 식탁을 두고 식탁 위에 따뜻한 조명 하나를 새로 달고, 너무 과한 벽 장식 대신 깨끗한 흰 벽으로 바꾼 후 좋아하는 그림을 걸었습니다. 큰 테이블이 답답해 보이지 않게 조금 낮은 높이로 제작했습니다.

5년간 진두지휘했던 레스토랑 대신 살림집 부엌을 꿰차고 들어앉게 된 신경숙씨는 이제야 비로소 살림하는 엄마의 자세로 요리에 임하게 되었습니다.

효자동 레시피의 부엌은 웬만한 가정집
부엌 정도로 작다. 그 작은 부엌에서 풀코스 요리까지
선보일 수 있는 건 맛있는 음식이 부엌의
하드웨어에서 나오는 것이 아니라는 소리다.

TRIPLE C
CASA REAL 1000

효자동 레시피의 부엌. 붙박이로 만든 수납장 안에 조리 도구들을 모두 수납해
정돈돼 보이도록 했다. 레일에 단 노란 조명이 따뜻한 색감의 부엌을 만든다.

아기 엄마가 된 그녀의 부엌

그녀가 요리사이기도 하고 늦은 나이에 귀하게 얻은 아기이니 얼마나 지극한 밥상을 차려줄까 싶어 아기 밥상 구경을 했습니다.

"처음에는 저도 꼭두새벽부터 일어나 채소를 종류별로 다듬고 다지고 끓여서 각종 이유식을 만들었어요. 아침부터 온 정성을 들여 아기 밥을 만들고 나면 정작 남편 출근할 때 아침밥 차릴 힘이 안 남더라고요. 남편 아침밥은 대충 해주고, 아기 이유식 만든다고 종일 설치다가 어느 날은 몸살이 났어요.

너무 잘하려다 보니 그런 거죠. 그런데 문제는 아기가 그렇게 공들인 음식을 제대로 먹을 생각을 안 하는 거예요. 이유식 만들 때면 조리대에 각종 재료들이 널브러져 있는데 만드는 양은 밥 한 공기 분량도 안 되잖아요. 그것조차 잘 안 먹으니 속상하더라고요. 그런데 엄마, 아빠가 먹는 밥을 조금씩 떼어주니까 그건 잘 받아 먹길래, 그냥 우리 밥 먹는 대로 아기에게 차려주자 생각했어요. 밥은 좀 질게 짓고 반찬 간은 아주 싱겁게 했어요. 싱거운 밥상이 엄마, 아빠 입맛에는 잘 맞지 않았지만, 오히려 그렇게 먹다 보니 어른 밥상이 건강해지더라고요.

그리고 함께 먹다 보면 아기가 잘 먹지 않던 채소들도 먹어보려고 해요. 예를 들어 언젠가 노루궁뎅이버섯을 누가 주시길래 아이 앞에 두니까 한입 먹어보고는 얼굴을 찡그리고 뱉더라고요. 보통의 버섯보다 쓴맛이 나거든요. 그런데 엄마랑 아빠가 "아, 맛있다, 냠냠"하면서 아주 맛있게 먹는 모습을 보여주니까 준영이도 따라서 맛있게 먹는 거예요. 아기들은 부모가 하는 것을 따라하고 싶어하거든요. 엄마랑 아빠랑 같이 웃으면서 먹는 일을 함께하고 싶어하는 것 같아요. 그렇게 웃으며 냠냠 먹으면서 식사는 함께하는 거고 즐거운 거구나 생각하지 않을까 싶어요."

마흔둘에 얻은 큰 선물, 준영이. 하루하루 잘 먹고 잘 크는
아기를 보며 요즈음 아기 밥상 차리기에 푹 빠져 있다.

베란다 텃밭과 채소 먹기의 즐거움

"준영이는 당근과 브로콜리를 잘 먹어요. 아이들이 이런 채소를 원래 싫어하는 게 아니라 먹는 습관이 안 들어서 그렇구나 싶어요. 당근은 원래 단맛이 나는 채소인데 바닥이 두꺼운 주철 냄비에 넣어 오븐에 익혀내면 단맛이 아주 강해져요. 그냥 찜기에 찌는 것보다 훨씬 달고 맛있어서 아기들이 좋아하는 것 같아요. 브로콜리는 살짝 데쳐 주고요.

그릇에 색색깔의 다양한 채소를 담아 주면 조금 씹다가 뱉기도 하지만, 이것저것 입에 넣고 빨아보고 오물거려 보면서 채소의 다양한 맛을 경험하는 게 좋은 것 같아요. 이렇게 다양한 맛을 접해 보면 나중에 편식을 덜 하게 될 거라 생각해요. 꼭 다 씹어 먹지 않아도 손으로 만지고 조물거리고 입에 넣어 빨아도 보고 뱉어내고 하는 과정을 즐기게 내버려 둬요. 조금 지저분해지더라도요. 그러면서 서서히 친해지는 거니까요."

아기를 키우며 베란다에 텃밭도 만들었습니다.

"어느 날 준영이가 베란다에 있는 꽃을 뜯어 먹더라고요. 자꾸 하지 말라고, 안 된다고 말하기보다 아예 채소를 심어주자 생각했어요. 상추, 비트잎, 비타민, 치커리 등을 심어 놓으니까 아기가 향기도 맡을 수 있고, 손으로 뜯어서 맛도 보게 돼요. 쌉쌀하니까 금방 뱉어버리기도 하지만 다양한 채소 맛을 자연스럽게 알게 돼서 좋은 것 같아요. 매일 조금씩 자라는 채소들을 보면서 대화도 하죠. "오늘은 비타민이 쑥쑥 자랐네. 비타민아, 아 예쁘다" 하면서. 큰 베란다를 만들지 않아도 화분에 몇 포기만 심어도 돼요. 살아 있는 채소를 접할 수 있는 귀한 기회니까요."

효자동 레시피의 작은 마당.
그녀는 지금 아기를 키우느라 잠시 레시피를 떠나 있다.

간편하고 영양 많은 신경숙표 아기 밥

그녀는 요리사답게 아이가 다양한 음식을 맛보고 경험하기를 바랍니다. 그렇다고 요란하게 준비하는 법이 없습니다.

"아기 밥 만들다가 몸살 난 후부터는 너무 요란스럽게 밥상을 차리지 않아요. 대신 간단하면서도 영양이 풍부한 음식을 궁리하게 되더라고요."

채소 스튜

"밑이 두꺼운 냄비에 토마토, 양파, 애호박, 파프리카, 다진 쇠고기, 올리브유를 조금 넣고 물 약간 부은 후 오븐에 넣어요. 물이 없어도 채소 자체에서 나오는 수분으로 조리가 되지만 준영이가 국물 떠먹기를 좋아해서 물을 조금씩 넣어요. 1시간10분쯤 두면 뭉근하게 푹 익은 채소 스튜가 완성돼요.

오븐이 아니라 불 위에서 조리해도 되지만, 오븐으로 하면 맛이 더욱 깊고 진하더라고요. 두세 번 먹을 것을 1회분씩 냉장 보관해서 넣어두고 먹여요. 재료 자체에서 나오는 단맛과 짭짤한 맛이 아주 좋지요. 엄마, 아빠도 같이 먹을 수 있는 음식이어서 더 좋고요."

미역밥

"아기들도 다양한 음식을 원해요. 채소 스튜에 다양한 맛이 들어 있어도 계속 그 음식만 주면 싫어하더라고요. 그래서 미역밥을 준비해 봤어요. 이건 손이 조금 가는 음식이지만 엄마, 아빠도 함께 먹을 수 있는 메뉴이기 때문에 저녁 준비 겸 만들어요. 미역국 할 때처럼 미역을 참기름에 달달 볶아요. 쌀도 리조토 만들듯이 볶으면서 따뜻한 멸치육수나 닭육수를 부어가며 볶아요. 죽처럼 끓이는 것보다 이렇게 쌀을 볶아서 만들면 훨씬 고소하고 맛있어요."

토마토 미트 스튜

"사과, 토마토, 브로콜리, 당근, 가지, 호박, 그리고 다진 쇠고기를 팬에 기름을 두르고 볶다가 닭육수나 쇠고기육수를 조금 넣고 볶듯이 끓여요. 끓으면 약한 불에서 10분 정도 더 졸이듯 끓이면 돼요.

오븐에 넣고 조리할 때는 기름을 안 넣지만 팬에 볶으면 고소한 맛이 나서 아이가 더 좋아하더라고요. 감자나 소시지와 같이 먹으면 어른들에게도 한 끼 요리가 돼요. 아이 먹을 것은 약간의 소금간만 하고, 어른이 먹을 때는 케첩이나 토마토페이스트를 더해 진하게 만들어 먹으면 맛있어요."

너트 쿠키

이유식이 끝나고 이제 제법 다양한 음식을 맛볼 수 있게 된 준영이를 위해 간식을 준비하기도 합니다.

"너트류를 갈아서 우리밀 밀가루와 꿀만 넣어 반죽해요. 담백하고 고소한 맛만 살리는데 버터와 설탕류는 넣지 않아요. 이 쿠키 반죽을 냉동해 두고 먹을 때마다 냉동 상태의 반죽을 구워내면 간단하게 고소한 견과류 간식이 돼요."

깊은 밤, 하루 종일 아기와 노느라 몸은 고단해도 아기가 곤히 자는 이 시간만이 그녀가 부엌을 한껏 즐길 수 있는 시간입니다. 쿠키류와 함께 그녀가 좋아하는 케이크도 이때 만듭니다.

"아기가 생긴 후에는 밖에서 사람들을 만나기가 어렵거든요. 게다가 아기 보러 집으로 찾아오는 분이 많아지면서 대접할 거리가 필요하더라고요. 제가 케이크를 좋아하기도 하고, 케이크를 만들어 냉동해 두고 그때그때 차와 함께 내면 손님이 와도 간단히 내드릴 게 있어서 마음이 편해요.”

케이크는 구운 후 먹기 편한 크기로 썰어 각각 종이포일로 싼 뒤 비닐 포장해 냉동해 둡니다. 치즈케이크나 초콜릿케이크는 냉동해 두어도 맛이 그대로여서 엄마에게 달달한 에너지가 필요할 때, 손님과 함께 티타임을 가질 때 훌륭한 디저트가 돼줍니다. 음료는 주로 홍차나 커피를 내지만 생강을 설탕이나 꿀에 재워둔 뒤 레몬즙과 탄산수, 코냑을 약간 넣은 후 애플민트를 띄운 모히토를 내기도 합니다. 미리 생강만 절여두면 으레 내는 차 말고 조금 색다른 음료를 대접할 수 있으니까요.

그녀는 고단하기도 하지만 그 고단함을 거뜬히 뿌리칠 만큼 행복한 육아에 빠져 있습니다. 레스토랑 주방에 들어가 팬을 잡고 싶은 마음이 불쑥불쑥 들기도 하지만, 아직은 준영이에게 한가한 엄마가 되어주기로 마음먹습니다. 아이가 천천히 자라고 커가는 것을 곁에서 지켜봐 주고 필요할 때 손 내밀어 줄 수 있는 엄마가 되려고요. 마음에 바쁜 게 없어야 아이가 온통 주물러대고 흐트려 놓은 식탁을 보고도 성질이 ‘빡’하고 나기보다 웃음이 나지 않겠나 싶어서입니다.

아기 음식 냉동법

"무엇보다 아기를 키우면서 냉동실과 친해져야 했어요. 그날 그날 신선한 재료를 장봐서 요리하는 것이 즐거움이었기 때문에 냉동실과 그다지 친할 필요가 없었는데, 아기 키우며 밥해 먹으려면 냉동실과도 지혜롭게 친해져야 한다는 것을 알았지요.

밥은 현미, 찹쌀현미, 흰쌀, 콩으로 지은 밥을 주고, 국은 두세 번 먹을 것을 끓여요. 고기는 삶아 건져 냉장해 두고, 국물과 채소는 냉동고에 넣어 둬요. 아기들이라고 주는 거 그냥 넙죽넙죽 받아먹지 않더라고요. 같은 음식을 계속 주면 싫어해서 냉동고에 두세 가지 만들어 두고 바꿔 주거든요.

모유를 저장해 두려고 사둔 모유 지퍼백이 남아서 그걸 이용해 채소와 육수를 종류별로 담아 둬요. 다른 지퍼백들보다 훨씬 음식물을 보관하기 편하더라고요. 새우나 고기 같은 재료들은 종이포일로 싼 뒤 다시 지퍼백이나 랩에 감싸두어야 수분 증발이 적게 일어나 음식물에 성에가 끼는 것을 막을 수 있어요. 아이 간식으로도 요긴한 쿠키는 반죽을 냉동해 두고 그때그때 먹을 것을 잘라 굽지요. 손님 초대에 내기 좋은 케이크는 한 조각씩 포장해 냉동해두고 역시 필요할 때 꺼내 먹습니다. "

마크로비오틱 요리연구가의 자연주의 부엌

자연식요리연구가: 이양지

집이란 쓰나미 같은 세상의 돌풍 속에서도 포근하게 머리 누일 수 있는 공간입니다. 노곤한 하루를 보내고 들어와 등 붙이고 누우면 세상 어느 곳보다 마음 편한 곳, 그곳이 '집'입니다.

그러나 실은 평생 우리를 '할부 인생'에서 벗어나지 못하게 하는 것, 그토록 그악스럽게 가지려고 애쓰는 것이 집이 되어버렸습니다. 지금은 아파트의 제곱미터적 사고 속에 집을 구겨 넣고 있지만요. 집이 집답기 위해서는 넓은 제곱미터의 평수보다, 반짝이는 가구보다 더 중요한 게 있습니다. 그건 자연식요리연구

가 이양지씨가 늘 조곤조곤 강조하는 건강한 밥상입니다.

각종 나이프와 포크가 일렬종대로 늘어선 화려한 식탁에 대한 로망 대신 사람들은 이제 검소한 밥상, 거친 밥상, 소박한 밥상에서 건강의 답을 찾습니다. 이양지씨가 한참 전부터 고민해 오고 개발해 오던 밥상이기도 합니다.

'마크로비오틱요리연구가'라는 이름으로 처음 한국에 소개됐을 때 사람들은 고개를 갸우뚱했습니다. 마크로비오틱? 프랑스 요리나 이탈리아 요리도 아니고 마크로비오틱은 무엇인가 싶었던 것이 7~8년 전 이야기입니다. 지금은 매체를 통해 많이 소개되었지만, 여전히 많은 사람에게 낯선 용어입니다. 쉽게 말하면 이양지씨는 자연식 요리전문가입니다.

일본과 스위스에서 제과제빵과 푸드스타일링, 푸드비즈니스를 공부했고 일본에서 일본 가정요리를 전수받았습니다. 그런데 그녀가 즐겨 만든 각종 화려한 식탁이 가족에게 가져온 것은 아토피성피부염과 과체중. 그리고 그녀 자신에게 당뇨병 직전인 과혈당증을 안겨주었습니다. 그때서야 아차 싶었고, 뭔가 제대로 먹어야겠구나 싶었던 것이 그녀가 건강요리에 관심을 갖게 된 사연입니다.

통곡물, 제철 채소를 천천히 씹어먹는다

그녀는 일본 전통의 '마크로비오틱' 건강식사법을 공부하면서 일본 FLA^{Food} & Lifestyle Adivise 네트워크에서 식생활지도사 자격을 취득했습니다. 그러면서 그녀의 요리는 점점 소박하고 가벼운 밥상으로 돌아섰습니다.

마크로비오틱은 '크다(macro)' '생명(bio)' '방법(tic)' 등의 단어를 합성한 말입니다. 몸의 균형을 찾기 위해선 음식이 지닌 에너지를 고스란히 섭취해야 한다는 게 기본 취지고요, 통곡물·채소·해초류를 중심으로 식단을 짭니다.

이름이 어려운 것 같아도 마크로비오틱은 간단합니다. 밥, 된장, 채소에 기본

헬렌 니어링이 말하는 소박한 식탁처럼 자연식 식탁을
차리는데 큰 돈은 필요없다. 제철을 만나 한결
맛있는 채소들과 정제하지 않은 곡물, 그리고 효소액처럼
천연의 재료만 있으면 충분하다.

Macrobiotic Cooking Studio

을 두는 밥상이죠. 거기에 한식을 더한 것이 그녀의 요리입니다.

"매끼 식사는 밥과 된장, 국, 김치를 중심으로 하고 채소 반찬에 해조류, 두부, 견과류 중 하나를 곁들여요. 백미는 현미로 바꾸고, 제철식품을 골라 채소 반찬을 올리고, 우유와 치즈 대신 두부와 두유를 먹고, 칼로리 높은 음료수 대신 물을 마시고요. 먹는 방법이라면 천천히 씹어 먹는 것이 전부예요. 재료는 껍질을 벗기지 않으며 최대한 버리는 부분 없이 손질해요.

껍질째 먹어야 하니까 자연스럽게 무농약이나 자연농법의 곡물과 채소를 사용하는데 원칙적으로 우리나라 땅에서 제철에 수확되는 것을 먹도록 하죠. 곡류는 하얀 것보다 검은 것을 사용하고요."

하얀 밀가루, 백설탕을 쓰지 않는 것도 이런 기본정신에 바탕을 뒀습니다. 흰 밀가루는 밀을 깎아낸 것이고, 백설탕은 사탕수수를 정제한 것이니까요. 빵을 만들 때도 흰 밀가루 대신 국산 통밀가루를, 설탕 대신 꿀이나 아가베시럽, 메이플시럽을 씁니다.

우유 대신 두유, 버터 대신 두부를 넣어 맛을 내고요. 버터가 빠진 빵과 케이크는 아무래도 잘 바스러지므로 마·아보카도·바나나를 갈아 넣기도 합니다. 푸딩처럼 말랑한 디저트를 만들 땐 보통 소뼈에서 추출한 젤라틴을 불려 쓰지만, 마크로비오틱에선 이를 우뭇가사리(한천)로 대체하고요.

뭐, 별거 없네 싶은데 매일매일 밥상에서 이렇게 차려먹기가 쉽지는 않습니다. 오래된 혀의 습관 때문입니다. 하지만 그녀의 자연식 밥상을 들여다보면 조리법이 정말이지 간단합니다. 오래된 습관처럼 하고 있는 요리법을 과감히 내려놓으면 건강은 물론 부엌에서 지지고 볶느라 들이는 수고까지 덜어낼 수 있을 듯합니다.

통곡물을 먹고, 채소는 껍질까지 먹는다.
마크로비오틱 식사법은 가능한 한
자연 그대로의 상태로 먹는 것이 핵심이다.

양념은 깐깐하게 고르고, 효소액은 직접 만든다

밥상 차림은 복잡할 것이 없습니다. 잘 익은 달큰한 단호박이며 당근, 감자, 버섯, 견과류까지 소금과 후춧가루 간만으로 구워냅니다. 껍질 그대로 아작거리는 느낌이 나도록 굽고 나면 압력밥솥에서 갓 지은 100% 현미밥과 함께 커다란 도자 접시에 담아냅니다. 한 끼 식사인데, 누가 받아도 건강하게 대접받는 느낌이 드는 음식입니다.

된장, 간장, 소금, 참기름, 그리고 설탕 대신 아가베시럽이나 꿀, 조청. 기본적인 양념만 쓰는 까닭에 음식 재료들이 맛있어야 합니다. 기본 양념이 되는 장과 소금이 맛있으면 신선한 재료와 만나 맛없기도 어려운 법이니까요.

된장은 우리콩된장을 쓰고 간장은 서목태간장, 소금은 토판염을 씁니다. 감칠맛을 주기 위해 쓰는 맛간장은 간장 베이스에 식초, 청주, 아가베시럽을 넣고 졸인 것에 다시마를 넣어 만듭니다.

아가베시럽은 선인장즙을 농축해 만든 시럽인데 설탕과 비교했을 때 칼로리는 1/2, GI지수(혈당수치)는 1/3 정도 더 낮은데도 단맛은 더 강합니다. 향이나 맛이 거의 없고 단맛만 낼 수 있어 어떤 요리에도 활용할 수 있고요. 찬물에도 잘 녹고 잘 굳지 않는 특성을 지녔습니다.

소금도 중요합니다. 정제염은 바닷물에서 미네랄 성분을 쏙 빼버리고 99% 이상의 짠맛, 곧 염화나트륨만 남깁니다. 또 맛소금으로 알려진 것들은 정제염 알갱이를 MSG조미료로 코팅한 것이지요. 정제염은 처음부터 끝까지 짜기만 하지만 천일염은 짠맛이 순합니다. 그중에서도 토판염은 짠맛이 부드럽고 더 순한데다 쓴맛이 거의 없어 뒷맛이 달게 느껴지기까지 합니다.

토판염은 염전 위의 PVC 장판을 걷어내고 우리 고유의 방법에 따라 갯벌을 다져 그 위에서 만듭니다. 이렇게 하면 천연 미네랄이 살아 있어 부드럽게 짜고

1

2

1 두부를 자주 먹는데, 요리 후 남은 것은 상하지 않도록
냉동시킨다. 2 정직하게 만드는 장과 소금 등
양념류를 깐깐히 골라 사용하는 것이 그녀의 요리 비법.
3 거실 한쪽에는 작은 항아리들이 옹기종기 모여 있는데,
그 안에서 직접 만든 매실청, 산야초 발효액들이
보글보글 숨 쉬며 맛의 정점을 향해 달려가고 있다.

3

쓴맛이 적은 저염도 소금이 되는 것이지요. 토판 천일염은 다양한 미생물이 살고 있는 갯벌 위에서 바닷물을 햇볕과 바람에 자연스럽게 증발시켜 얻기 때문에 염화나트륨 농도가 적당하고 천연 미네랄이 풍부합니다.

이 밖에 샐러드 드레싱을 만들 때나 음식 양념할 때 요긴하게 쓰이는 식재료가 거실 창 한쪽에 가지런히 놓여 있습니다. 우메보시와 복분자, 오디 효소액입니다. 매년 철마다 담그는 효소들이 항아리 안에서 부글부글 발효되고 있습니다. 효소액은 우메보시, 복분자 등의 재료와 유기농 황설탕을 1:1 동량으로 넣고 실온에서 발효시켜 만들어요. 잘 발효되면 한 해 동안 식탁에서 단맛을 내는 양념으로, 물과 섞어 건강음료로 요긴하게 사용될 것입니다.

이렇게 기본 양념 재료를 깐깐히 갖추고 채소와 통곡물 위주의 식사를 합니다. 여기에 고기를 적게 먹으니 자주 먹게 되는 식재료가 두부입니다. 먹고 남은 두부는 냉장실에 두다 보면 쉬어서 버리게 되는 경우가 많은데 냉동시켜 두고 먹으면 고기 질감이 나기까지 합니다. 냉동시킨 두부는 찌개나 국 끓을 때 넣어 활용할 수 있고요.

아이를 위한 자연식 밥상

이제 곧 그녀는 마흔을 훌쩍 넘은 늦깎이 엄마가 됩니다. 엄마가 된다고 생각하니 밥상에 더욱 신경을 쓰지 않을 수 없습니다. 여태껏 지켜온 자연식 밥상이 아기에게 가장 좋은 선물이 될 것이라 믿고 있습니다. 엄마가 아기에게 해줄 수 있는 것, 무럭무럭 탈 없이 성장할 수 있는 건강한 밥상 차려주는 것만한 게 있을라고요. 특별하지도 않고 화려하지도 않지만 몸을 살리고 마음을 키우는 아이 밥상을 궁리하는 것이 요즘 그녀가 부엌에서 몰두하고 있는 바입니다.

건강하게 사용하는 조리도구

나무 식기와 도마

"저는 나무 식기와 흙으로 빚은 그릇을 좋아해요. 주방 조리도구들도 거의 나무 재질 아니면 코팅이 벗겨질 염려 없는 스테인리스 제품을 사용하고요.
가장 자주 쓰는 뒤집개의 경우도 플라스틱보다 환경친화적이면서 자정 능력이 있는 나무 소재 뒤집개를 써요. 물기만 잘 닦아주고 말리면 세균이 쉽게 번식하지 않는 것이 장점이고 열에 강해 주방용품으로 사용하기 좋아요. 단, 흠집이 생기면 세균이 번식할 위험이 있으니 교체해 주고요.
밥주걱도 나무주걱이나 세라믹주걱을 써요. 뜨거운 열과 닿는 제품인 만큼 특별히 신경을 써야 하죠. 역시 뜨거운 국물을 뜰 때 사용하는 국자도 플라스틱 대신 스테인리스 국자를 사용하고요.
도마도 나무 도마가 좋더라고요. 날고기나 생선류를 손질하고 나서는 깨끗이 씻은 뒤 뜨거운 물로 헹구어 햇볕에 말려 소독해 주는 것을 잊지 말아야 하고요. 그것도 좀 께름칙하다 싶으면 고기나 생선류를 손질하는 도마는 따로 준비해 두면 좋지요. 옻칠한 전통 나무 도마는 살균력이 좋다고 알려져 있어요."

스테인리스 프라이팬과 냄비

"냄비나 프라이팬의 경우는 스테인리스 제품을 선호해요. 스테인리스는 상당히 견고한 분자 구성으로 합성 성분의 일부가 녹아 나오는 일이 거의 없고 벗겨지지 않아 안전하게 사용할 수 있거든요. 코팅이 벗겨질 걱정도 없고, 잘만 사용하면 오래오래 쓸 수 있으니 경제적이기도 하고요. 스테인리스 프라이팬을 쓸 때 주부들이 가장 어려워들 하는 게 음식이 들러붙는 건데요, 강한 불에 충분히 달군 후 기름을 두르고 다시 충분히 달군 후 사용하면 괜찮답니다."

보송보송 햇빛 가득 들어오는 새댁의 부엌

요리연구가: 김나연

　연남동, 커다란 통창으로 햇빛이 가득 들어오는 부엌에서 그녀는 오늘의 일용할 양식을 만들고 있습니다. 이제 막 새댁이 된, 그러나 요리 경력은 '새댁스럽지' 않은 요리연구가 김나연씨입니다.

　요리와의 인연을 거슬러 올라가 보니 초등학교 2학년 때가 역사적 기점이 되는 듯합니다. 아빠 생신선물로 엄마 요리책을 보고 해드린 게 밤초입니다.

　"엄마가 가지고 계신 요리책을 들여다보니 사진으로 봤을 때 그게 제일 만만해 보이더라고요."

당시에는 깐 밤을 팔지 않아 밤을 사다가 과도로 깎느라 아홉 살 아이 손에 물집이 잡혔습니다. 설탕을 넣고 무조건 졸여대니 설탕은 딱딱해지고, 밤은 타 버렸지요. 생애 최초의 요리였던 밤초는 너무 끈적하고 딱딱해졌지만, 그녀의 기억에 아버지는 말 없이 드셨던 것 같습니다. 엄하셨던 아빠와 친해지고 싶은 마음에 만들었던 요리가 최초의 요리가 되었습니다.

"전라도가 고향인 아버지는 미식가셨어요. 특별한 날이 아니어도 밥상에는 무안 낙지, 전복, 굴비, 젓갈이 올라와 있고, 일본에서 성악을 공부하셨던 할머니 덕에 일본 음식까지 한상 차려졌어요. 일본 음식이 밥상에 자주 올라왔기 때문에 '나라스케(울외장아찌)'가 우리 음식인 줄 알았다니까요. 어릴 때 이미 성게 알 젓갈에서부터 자라탕까지 섭렵했으니 저도 아버지 덕에 일찍부터 참 많은 것을 먹어봤던 것 같아요."

미식가 아버지와 나의 요리 이력

아버지는 회식 때도 가족들을 불러 데리고 다니셨습니다. 아버지 일 때문에 싱가포르에서 살았을 때는 레스토랑을 함께 다니는 것이 가족의 취미가 되어 버렸습니다. 생각해 보면 싱가포르는 말레이시아, 인도, 중국의 식자재가 섞여 있는 곳입니다. 그때 다양한 식자재의 종류와 사용법을 경험한 것이 나중에 요리 공부를 하는 데 큰 도움이 되었습니다.

"어릴 때 부지런히 먹어봐서 그런가 중학교 때 이미 맛집 스크랩을 해가며 찾아다니는 열혈 맛객이 되었어요."

그렇게 많이 접해 보고 먹어본 음식들은 그녀 안에 차곡차곡 쌓여서 다른 일을 하면서도 음식에 대한 애정을 쉬이 놓지 못했습니다. 대학에서 영문학을 공부하고 외국계 기업을 다니다가 아, 뭔가 나이 들어가면서도 더 빛나는 일을 해

햇빛이 가득 들어오는 그녀의 부엌 작업실.
벽돌 모양의 타일로 벽을 마감하고 나무 선반을 달아
좋아하는 그릇과 소품들을 올려놓았다.

Staff Only

NaNa's
Kitchen ♥
YPD

야겠다는 생각에 오랫동안 좋아하던 일을 시작하게 되었습니다.

"요리를 기반으로 할 수 있는 창조적인 일을 고민했고, 외식업 컨설팅이나 미식평론가 등을 고민하다 우선 기초부터 제대로 알아야겠다는 생각에 요리학교에 입학했어요."

예쁜 그릇과 맛있는 음식에 홀딱 반했던 꼬맹이가 요리사가 되었습니다. 그리고 미국의 유명한 요리학교 CIA에서 공부하고 돌아와 연남동에 요리 스튜디오 나나스키친을 열었습니다.

요리 좋아하는 사람들에게는 자기만의 부엌에 대한 로망이 있습니다. 어떤 사람은 나무로 따뜻한 부엌을 만들고 싶고, 노란 등대 같은 불빛을 달고 싶기도 할 것입니다. 천장에 동으로 만든 냄비를 주렁주렁 달고 싶은 사람도 있고, 커다란 화덕 하나를 들여놓았으면 싶은 사람도 있습니다. 그녀가 부엌을 만들기 위해 고심할 때, 가장 중요한 것은 커다란 창으로 가득 들어오는 햇빛이었습니다. 하루 종일 부엌일을 하고 있어도 광합성을 하면서 기분 좋아지는 곳. 넉넉히 드나드는 햇볕에 부엌 살림살이들은 보송보송 물기 하나 없이 잘 마르고, 마치 커다란 창이 스크린인 양 요리를 하는 내가 멋진 퍼포먼스를 하고 있는 기분이 드는 그런 부엌.

다행히 연남동 골목을 뒤져 그녀가 찾아낸 곳은 천장이 높고, 전면이 통유리인 그런 공간이었습니다. 우선 부엌 벽면에는 벽돌 모양의 타일로 포인트를 주고 나무 선반을 달았습니다. 선반에는 좋아하는 부엌 소품들을 전시해 두었습니다. 좋아하는 것들을 곁에 두고 보면 기분이 덩달아 좋아지니까요. 부엌은 그녀가 하나하나 직접 손봐 만들었습니다. 그녀는 이곳에서 쿠킹 클래스와 메뉴 개발, 캐이터링 등의 작업을 합니다.

화려한 부엌은 아니지만 그녀가 일일이 디자인해서
의뢰한 부엌이라 정이 간다. 하루 종일 햇빛이 잘 드는 위치,
가장 밝고 쾌적한 곳에 부엌의 자리를 잡았다.

신혼의 달콤하고 스피디한 식탁

그녀는 일로서의 요리 외에도 살림에도 푹 재미를 들인 1년차 새댁이기도 합니다. "요리학교를 나오고 메뉴 개발 같은 전문적인 일을 하는 사람들은 뭘 해 먹나 궁금해 하시더라고요. 신랑은 중학교 1학년 때부터 한 아파트 1층과 15층에 살던 동네 친구였으니 19년을 알던 사이고, 7년을 교제하고 결혼했으니 친구 같은 사람이죠."

사실 신혼의 밥상은 허술하기 그지없습니다. 요즘이야 서로 각자 일을 하다 보니 매일 저녁을 함께 먹을 수도 없고, 퇴근 후 집에 와서 누가 한상 가득 차려내기도 쉽지 않으니까요. 그래서 주말에나 한 끼 카페에서 먹듯 멋지게 차려내는 게 새댁들의 로망이랄까요. 평상시에는 그저 엠티^{M.T}에 온 것처럼 간단히 밥 해 먹고, 늦은 저녁에 맥주 한잔, 와인 한잔씩 하는 것. 밥하느라 지쳐서 신혼의 단꿈을 와장창 깨뜨리기보다는 가볍고 기분 좋은 식사를 준비할 줄 아는 것도 새댁의 요리 기술이니까요.

후다닥 차려내면서도 일품요리가 되는 음식, 그녀가 자신 있어 하는 분야입니다. 저녁에 후다닥 생면 파스타를 만들어 먹기도 하고, 간단히 손으로 집어먹을 핑거푸드에 와인을 곁들이기도 합니다. 주말에 새벽 1시까지 자지 않고 영화를 보다가 출출해지면 10분 만에 태국식 볶음면을 만들어 먹기도 하고요. 다행히 요리를 좋아하는 그녀의 부엌에는 차를 타고 나가 사오지 않아도 되게끔 다양한 외국 식재료와 향신료가 넉넉히 있습니다.

"동네 마트에서 재료를 쉽게 구할 수 없고, 매일 먹는 음식이 아니니까 익숙하지 않아서 그렇지, 사실 재료만 있으면 굉장히 간단히 만들 수 있는 외국 요리가 많아요. 채썰고 다지는 칼질도 한식보다 훨씬 적게 하고, 양념장 만드는 과정도 필요 없는 간단하면서도 맛있는 메뉴가 신혼의 야식이 되죠."

tools *for* kitchens

자랑하고 싶은 그릇

인터넷 사이트에서 하나씩 구입하거나 유럽 여행에서 구입한 북유럽
스타일의 그릇들. 네코드봉봉(www.nekodebonbon.com), 커먼키친
(www.commonkitchen.co.kr), 컨츄리앤하우스(www.countrynhouse.
co.kr) 등의 온라인 쇼핑몰을 자주 이용하는데, 북유럽 스타일의
그릇을 선보이는 일본 브랜드 '스튜디오M' 제품을 특히 좋아한다.

야참이나 갑자기 들이닥치는 손님을 위해 내놓는
요리는 간단하면서도 특이한 외국 요리들.
발사믹소스에 조려 치아바타 빵에 끼워먹는 새우샌드위치나
브루스케타는 그녀가 즐겨 하는 후다닥 메뉴다.

맥주나 와인 안주로도 좋고, 한 끼 요기가 되는 메뉴로 좋아하는 것은 퀘사디아와 브리토. 밥 대용 샐러드로는 케이준 샐러드를 즐겨 만들어 먹습니다. 이런 메뉴들은 신혼집 구경 오는 친구들 대접에도 요긴합니다. 그녀가 손님 초대로 내놓기 좋아하는 메뉴로는 토마토키위 브루스케타와 발사믹소스 새우샌드위치가 있습니다.

토마토키위 브루스케타

"토마토키위 브루스케타는 우선 토마토와 키위를 깍둑썰기해 다진 바질과 올리브유에 마리네이드해 놓고 바게트빵은 오븐에 구워요. 오븐이 없을 때는 팬에 구워도 돼요. 구운 후 살짝 턱이 있는 접시에 세워두어야 금세 눅눅해지지 않아요. 구운 바게트빵에 마늘을 올리브유에 찍어 발라 향과 맛을 내요. 그 위에 마리네이드한 재료를 올리면 완성이죠."

발사믹소스 새우샌드위치

"발사믹소스 새우샌드위치도 자주 해먹는 메뉴죠. 먼저 소스는 발사믹, 간장에 후춧가루 약간을 섞어요. 발사믹과 간장은 4:1 비율로 넣어요. 간장은 간 맞추고 풍미를 내주는 역할을 해요.

올리브유 두르고 섞은 소스를 먼저 넣고 보글보글 강불에서 조리다가 칵테일 새우를 넣고 볶아요. 어느 정도 익으면 새우를 먼저 꺼내고 소스를 살짝 더 조린 후 다시 새우를 넣어 잠깐 더 조려내요. 속재료 채소는 숨이 죽으니 넉넉히 올려야 씹는 식감이 살아요. 빵 위에 토마토 슬라이스한 것을 올리고 발사믹으로 조린 새우를 올려요. 샌드위치 낼 때 속이 풍성해서 흐트러지기 쉽거든요. '샌드위치 픽'이라 부르는 나무꼬지에 끈으로 살짝 리본만 묶어 내도 정성들인 맛이 나요.

여기에 마요네즈와 시럽, 플레인요거트 또는 사워크림을 섞어 소스를 만들어 곁들여 내요. 마요네즈와 플레인요거트는 1:1 비율로 넣고 시럽은 약간 단맛이 느껴질 정도만 넣어요. 시럽은 물과 설탕을 1:1 비율로 섞어 만들면 돼요. 꿀은 특유의 향이 있어 이런 소스에는 시럽을 넣는 게 좋아요. 시럽을 만들기 번거롭다면 무향무취의 아가베시럽을 쓰면 좋아요.”

결혼 후 시어머니의 손맛을 배우다

시간이 지나면 신혼의 깨소금 맛이 서서히 덜 고소해지면서 찌개도 생각나고 나물 반찬이며 얼큰한 조림도 생각나는 시간이 옵니다. 신혼 밥상에도 일상적인 ‘밥’이 필요한 때가 오는 거죠. 그녀는 제대로 된 한식을 시어머니의 어깨너머로 배우고 있습니다.

“시어머니야말로 정말 한식을 잘하시거든요. 저야 서양 음식이나 배웠지, 정작 한식은 결혼하고 나서 시어머니께 배우고 있어요.

자세히 보니 특별한 메뉴를 만드시는 게 아니라 어머니가 쓰시는 재료에 따라 맛이 크게 달라지더라고요. 매운 고춧가루도 씨를 다 빼고 마당에서 말린 태양초를 쓰시고, 현미도 햇볕에 말린 현미를, 멸치액젓은 고향 남해에서 올라온 것만, 들기름은 방앗간에서 직접 짜오시고요. 그렇게 기본 재료를 깐깐하게 골라 쓰셔서 그런지 어머니가 해주신 밥은 정말 맛있거든요.

또 꽃게탕 같은 경우에도 저는 대개 매콤하게 해서 먹었는데 어머니는 맵게 하지 않으시고 된장을 풀어 국물을 만들어 끓이세요. 청양고추를 넣어 알싸한 맛이 나면서도 된장 베이스의 구수한 맛이 살아나죠. 그렇게 어머니께 배운 한식을 저도 밥상에 올리고 있어요. 덕분에 대구탕이나 우거짓국, 조갯살 넣은 부추전 같은 한식 메뉴를 더 자주 올릴 수 있게 됐어요.”

요리의 원리를 배운 사람이라 다른 요리를 배울 때도 습득이 빠릅니다. 옆에 딱 붙여 두고 가르친 것도 아닌데, 시댁에 밥 얻어먹으러 갈 때마다 시어머니의 한식 비법을 어깨너머로 배우고 정리해 둔 것이 수준급입니다.

그녀는 요리 눈썰미가 보통 있는 게 아닙니다. 요리학교와 현장의 주방에서 호되게 훈련받은 터라 부엌일 하는 솜씨가 빠르고 매섭습니다.

“음식하면서 틈틈이 조리대를 정리해야 해요. 한바탕 펼쳐놓고 요리하다 보면 나중에 치울 일도 깜깜하지만 그것보다 조리 중에 빠지는 재료가 꼭 생기거든요. 요리하는 시간이 더 드는 것 같아도 습관이 되면 치우면서 요리하는 게 빠르고 안전하더라고요.”

그러게요. 한번 음식 만들기 시작했다 하면 냉장고 속 재료 다 꺼내놓고 양념통들 다 꺼내져 있고, 냄비며 프라이팬 죄다 나와 있는, 소위 폭탄 맞은 것 같은 상태가 새댁들의 부엌이니까요. 조리대가 산만하면 꼭 빠뜨리는 재료가 있어 나중에 아차 하기 십상이라는 말은 백번 공감합니다. 치우는 일이 괴롭게 되면 요리하는 일도 싫어지고 부엌에 들어가는 일도 슬슬 피하게 되니까요.

그녀는 오늘도 후다닥 브루스케타와 샌드위치를 만듭니다. 휘리릭 요리를 하면서도 조리대는 말끔합니다. 새댁답지 않은 능숙한 그녀의 부엌입니다.

똑똑한 조리도구 활용법

결혼할 때면 죄다 예쁜 것으로 부엌을 채우고 싶어집니다. 요리를 많이 해보지 않았으니 이 조리도구가 쓸모가 있는지 아닌지는 나중 일이고 우선 외양이 근사한 조리도구들을 장만하고 봅니다. 그러다 보면 부엌에는 일 년이 지나도록 쓰지 않는 새것들이 자리만 차지하고 있습니다. 대개 신혼 때의 물욕이 빚어내는 참사지요. 잘 고른 똑똑한 조리도구들은 요리를 빠르고 편하며 효율적으로 할 수 있게 도와줍니다.

나무 도마

칼질할 때 느낌이 가장 좋고, 쓰기에 편해서 관리만 잘하면 나무 도마만큼 좋은 게 없어요. 한 달에 한 번 정도 락스에 담가 살균한 후 물에 담가 락스 성분을 충분히 빼고 씻어 사용해요. 햇볕에 말리면 곰팡이 없이 잘 사용할 수 있어요.

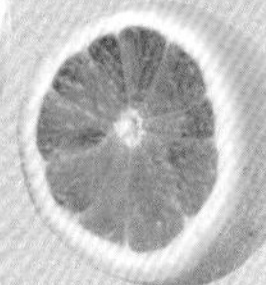

스퀴저

레몬이나 오렌지 등 과즙을 짤 때 사용해요. 사기로 된 스퀴저는 향이 배거나 물이 들지 않아 깨끗하게 사용할 수 있어요.

스패출러

알뜰주걱과는 달리 실리콘 재질로 돼 있어 불 위에
서 요리하는 재료를 다룰 때도 안심하고 쓸 수 있어
요. 실리콘 재질은 400도까지 유해물질 걱정 없이
안전하거든요. 소스나 양념 등이 팬이나 볼에 남았
을 때 스패출러를 사용하면 버리는 것 없이 싹싹 긁
어 쓸 수 있어요. 겉절이나 나물 무칠 때면 그릇에
양념이 많이 묻는데, 설거지할 때 보면 아깝잖아요.
그런 양념이나 소스를 알뜰하게 사용할 수 있어요.

뒤집개

실리콘 뒤집개와 스테인리스 뒤집개를 각각 사용
해요. 크레페처럼 얇고 달라붙기 쉬운 음식을 조
리할 때는 바닥이 긁히지 않도록 실리콘 뒤집개
를 사용해요.
보통은 스테인리스 뒤집개를 사용하죠. 앞부분이
약간 들려 있어 뒤집기에 손쉽고 손잡이가 딱 맞게
잡히는 스테인리스 뒤집개를 골라야 해요. 납작한
뒤집개보다는 앞부분의 각도가 들려진 것이 쓰기
편해요. 이런 작은 디테일이 요리할 때 피로감을 줄
일 수 있거든요. 사이사이 구멍이 나 있는 뒤집개는
생선 구울 때 기름과 물 빼주는 역할을 하고 프라이
팬에서 음식을 잘 떼어내 주죠.

빵칼

빵칼은 빵을 자르는 용도의 칼이지만 부서지기 쉬
운 튀김 요리나 외피가 있고 단단한 채소, 피망이
나 토마토 같은 재료를 썰 때도 유용해요. 일반 칼
로 썰 때는 미끄러져 손이 다치거나 껍질이 잘 썰리
지 않아 모양이 흐트러지기 쉬워요. 이럴 때 빵칼이
빛을 발하죠. 빵칼로 썰면 모양이 뭉개지지 않아요.
춘권피나 스프링롤, 샌드위치, 파이를 썰 때도 쓰고
요. 빵칼을 고를 때는 칼날이 잘 휘는 것보다 약간
단단한 것이 사용하기 좋아요.

갖고 싶은 부엌

+   알고 싶은 살림법

발행일   초판 1쇄 2012년 2월 15일
            초판 4쇄 2013년 5월 15일

지은이   김주현

발행인   김우석
제작 총괄   손장환
편집장   이정아
마케팅   김동현, 신영병, 김용호, 이진규
저작권   안수진
홍보   이효정

교정교열   중앙일보어문연구소
디자인   MIZ + OZoh
사진   F1 STUDIO(02-749-3570)

출력   트리콤
인쇄   성전기획

발행처   중앙북스(주)
등록   2007년 2월 13일 제2-4561호
주소   (121-904) 서울시 마포구 상암동 1651번지 상암 DMCC 빌딩 20층
전화   1588-0950
팩스   (02)2031-1398
홈페이지   www.joongangbooks.co.kr

ISBN 978-89-278-0309-6 13590